生命科学の冒険

生殖・クローン・遺伝子・脳

青野由利 Aono Yuri

★──ちくまプリマー新書

073

目次 * Contents

はじめに

白状すると、学生のころ「生物学」は好きではありませんでした。庭でアリの巣《す》を掘《ほ》ったり、原っぱでヘビイチゴを摘《つ》んだりするのが好きな子どもではありましたが、学校の教科書で学ぶ生物には興味が持てなかったのです。

それが、科学記事を書くようになって、「好きな分野は生命科学」などと言うようになりました。「生命科学」って、「生物学」と違《ちが》うの？　と首を傾《かし》げる人もいるでしょう。

生命科学に厳密な定義があるわけでありません。生き物の生命現象を研究する科学ですから、当然、生物学も含まれます。医学も薬学も農学も含《ふく》まれるでしょう。

あえて言えば、「最先端《さいせんたん》」というニュアンスがあるかもしれません。生命を解明するだけでなく、生命を操作するという考えも含まれていそうです。「私たちの生活や社会にどんな影響《えいきょう》があるの？」という問いかけも、根底に含んでいる気がします。

人によっては「わくわく」するでしょう。「行き過ぎると、ちょっと危ないんじゃない？」と心配する人もいるかもしれません。

生命科学を取材していて感じるのは、まさにこの2つ、「わくわく感」と「ちょっと待てよ感」です。

この本では、「わくわく」と「ちょっと待てよ」の両方を紹介《しょうかい》することにしました。「ちょっと待てよ」の方は、「生命倫理《りんり》」と呼ばれる分野と深く関わっているので、中には倫理ということばがしばしば登場します。

生命科学と倫理の課題は、生命の誕生から、生命の質にかかわること、さらに人の死に至るまで、さまざまです。ここでは、その中から、「生殖《せいしょく》技術」「クローン技術と再生医療《いりょう》」「遺伝子」「脳科学」の4分野にしぼって考えてみることにしました。

大人になってからはまったくもう一つのものに「コミック」があります。単に楽しいから読んでいるのですが、時に最先端の生命科学が登場し「うーん、なるほど」とうなってしまうこともあります。本書では、そうした作品の中から象徴的《しょうちょうてき》シーンを選んで、一章ごとに挿入《そうにゅう》しました。

もちろん、作者が豊かな想像力を駆使《くし》して描《えが》いている作品ですから、現実に同じことができるというわけではありません。科学者だったら、「そんなことは不可能」と一刀両断に切り捨ててしまうかもしれません。でも、生命科学の「わくわく」と「ちょっと待てよ」を考える格好のヒントになります。

最先端の生命科学技術も、やがて日常生活に入りこんでくるはずです。本書が、その時にあわてないよう考えておくきっかけになれば幸いです。

1章　生命の始まりの科学——生殖《せいしょく》

英国イングランド中部の病院でルイーズ・ブラウンちゃんが生まれたのは1978年7月25日のことです。子どもが生まれるのは普通《ふつう》のことですが、ルイーズちゃんは特別でした。世界で初めての「体外受精児」だったからです。

私自身はその騒動《そうどう》を覚えていませんが、当時の新聞を見ると1面に「試験管ベビー誕生」と大見出しが付いています。

そのルイーズちゃんはもうりっぱな大人です。結婚《けっこん》し、2006年12月に男の子を出産したと報じられています。体外受精ではなく、自然妊娠《にんしん》だといいます。

体外受精の利用はその後どんどん増え、今では日本で誕生する子どもの60人に1人近くが体外受精で生まれるまでになりました。確かに、私の周囲を見回しただけでも、体外受精で子どもをもうけたカップルがけっこういます。将来は、同じ教室に1人か2人は体外受精で生まれた友達がいる、ということになるのかもしれません。

©吉田秋生／小学館

吉田秋生《よしだあきみ》さんのコミック『YASHA　夜叉《やしゃ》』は、受精卵の生命操作で生まれた双子《ふたご》の話です。沖縄《おきなわ》の島に隠《かく》れすむ母と子が、見知らぬ男たちにさらわれ、姿を消します。何年か後、天才科学者として故郷に戻ってきたこの子は、周囲に打ち明けます。「おれは、遺伝子操作で品種改良された生物だ」。天才作りは今のところ不可能ですが、遺伝子操作や代理母、クローンなど、ここに登場する生命技術は単なるフィクションではありません。1章のテーマである生殖技術をはじめ、現実の技術を反映しているのです。

ルイーズちゃんが生まれた当時、体外受精の技術に対し「倫理《りんり》的に問題がある」という声が巻き起こりました。たとえば、「神の領域に人間が入《はい》り込《こ》む」というコメントをした人もいます。でも、それから30年を経て、体外受精そのものの倫理を問う声はほとんど聞かれなくなっています。

確かに体外受精がこれほど日常的に行われるようになると、「倫理問題なんてない」という気になります。もちろん、生まれてきた子ども自身に倫理的な問題があるはずはありません。

ただ、体外受精という技術の使い方や、体外受精から派生する技術については、まだ課題があります。その中で、私が重要だと思っているのは「卵子と精子と子宮を、まったく別々に扱《あつか》えるようになった」ということから生じる問題です。

いったいどういうことかをお話しする前に、まず、体外受精をおさらいしておきます。

体外受精が可能になって、崩《くず》れた「原則」とは？

普通の妊娠では、卵子と精子が出会って受精するのは女性のおなかの中です。あえて言《い》い換《か》えれば「体内受精」ということになります。

一方、体外受精の場合は、女性の卵巣《らんそう》から卵子を体外に取り出し、試験管の中で（実際にはシャーレの中かもしれませんが）、精子と混ぜ合わせて受精させます。受精卵ができれば、それを女性の子宮に入れます。うまくいけば、受精卵が着床《ちゃくしょう》し、妊娠・出産に結びつくのです。

卵子と精子を試験管の中で混ぜただけでは受精させられない場合、卵子に細い管で穴をあけ、精子を半ば強制的に卵子に送り込む「顕微《けんび》授精」という方法も使われます。男性の精子の数や運動能力が足りなかったりする「男性不妊」の場合に使われる方法ですが、これも体外受精の一種です。

普通の妊娠・出産では、卵子の持ち主と子宮の持ち主は切《き》り離《はな》せません。また、夫婦《ふうふ》であろうとなかろうと、受精は異性のカップル同士の間で成立します。それが、人類の歴史が始まって以来、古今東西で続いてきた生殖の方法です。

ところが、体外受精が可能になり、卵子を女性の体外に取り出して扱えるようになった時点で、その原則は崩れたのです。

よく考えてみると、クローン技術も、あとでお話しする胚性幹細胞《はいせいかんさいぼう》（ES細胞）の技術も、卵子を体外で扱えるようになったために可能になったことがわかります。

でも、クローンやES細胞の話はもう少し後にして、まずは、「卵子や精子、胚をやり取りしてもいいか」について考えてみます。

卵子、精子、胚を他人とやり取りしてもいいか

子どもが欲《ほ》しいのに、どうしても授《さず》からない。調べてみたら夫が無精子症《むせいししょう》で、自分たちの子どもを持つのは無理であることがわかったとします。

選択肢《せんたくし》は大きく分けて、3つあります。

ひとつは、子どもはいなくても幸せな人生を送ろうと決心することです。

もうひとつは、実の親が育てられない子どもの里親になったり、養子縁組《えんぐみ》をしたりして、その子を育てることです。養子には特別養子と呼ばれる制度があって、法律上も実の子どもと同じように育てることができます。

残るひとつは、夫以外の男性の精子をもらって、ぜったいに子どもを作ろうと決心す

ることです。

調べてみたら、妻は卵子が作れなかった、という場合も同じです。子どもはいなくても幸せな人生を送ろうと決心するか、誰《だれ》かから卵子をもらって子どもを作るか、育ての親になるかです。

しつこいようですが、夫に精子がなく、妻に卵子がない場合も同じです。子どもはいなくても幸せな人生を送ろうと決心するか、誰かから受精卵（胚）をもらうか、育ての親になるかです。

卵子でも精子でも胚でも、もらう相手はいろいろ考えられます。名前も何も知らない匿名《とくめい》の第三者か、姉妹《しまい》や兄弟《きょうだい》か。精子の場合には、夫の父親という選択肢まで考えられます（妻の母から卵子をもらうのは、年齢的《ねんれいてき》にちょっと無理がありそうです）。

それでは、夫婦以外の人から卵子や精子、受精卵をもらって不妊治療《ちりょう》をすることに問題はないのでしょうか。

日本では、１９９８年に長野県の不妊クリニックの医師が公表した「事件」をきっかけに議論が巻き起こりました。この医師は、卵子がうまく作れないために不妊に悩《なや》んでいた女性Aさんの妹から卵子の提供を受けて、Aさんの夫の精子と体外受精し、Aさんの子宮に戻《もど》して出産させた、というのです。

なぜ、これが「事件」だったかというと、日本には「体外受精で子どもを持つ場合には、妻の卵子と夫の精子を使うこと」という決まりがあったからです。決まりを作ったのは、産婦人科の医師が組織している日本産科婦人科学会で、この長野県の医師も加盟していました。にもかかわらず、夫婦以外の人、それも近親者から卵子をもらって体外受精したために、「ルール違反《いはん》」として、大きな話題となったのです。

この事件は大きな注目を集めたため、国もほうっておけなかったのでしょう。旧厚生省（今の厚生労働省）の厚生科学審議会《しんぎかい》に「生殖補助医療技術に関する専門委員会」が設置されました。専門委員会は2年間かけて議論し、2000年12月にいったん方針を示すための報告書をまとめています。この時は、卵子や精子、胚を兄弟姉妹からもらってもいいということになりました。ところが、その結論はひっくりかえります。

専門委員会の報告を土台に、法制化をめざして2001年7月に再び検討《けんとう》を始めた「生殖補助医療部会」で、専門委員会の結論に対して「待った」をかける声が続出したのです。この議論を傍聴《ぼうちょう》していた私も、思わず手に汗《あせ》を握《にぎ》るほどの応酬《おうしゅう》が続きました。

反対する意見は、「生まれてくる子どものことを考えると、兄弟姉妹から卵子や精子をもらうことは認められない」というものでした。

たとえば妹から卵子をもらって子どもをつくったとすると、自分で産んだとしても、生まれてくる子どもの遺伝的な母親は妹です。子どもから見ると、親族の中に母親が2人存在することになります。しかも、遺伝的には叔母《おば》さんと父親の間にできた子ども、ということになります。

子どもにその事実を告げるかどうかも大きな問題ですし、事実を告げても告げなくても、家庭内に問題が生じる恐《おそ》れは否定できません。現代の家族は、ただでさえ難しい問題を抱《かか》えていて、このような複雑な問題に対処できるほど成熟していない、というのが、反対する人たちの主張でした。

もうひとつの理由は、不妊の兄弟姉妹を持った人が、「精子や卵子を提供して欲しい」というプレッシャーを受ける恐れがあるためです。本当は提供したくないのに、姉妹や兄弟から「提供してもらえないか」と言われると、断れない、という場面が想像されます。親戚《しんせき》一同も「助けてあげなさいよ」なんて言うかもしれません。

一方、「認めるべきだ」という主張には、「子どもを持ちたいという親の願いをかなえるための道を用意しておくべきだ」という意見が目立ちました。特に卵子の場合、採取するのに女性の負担が大きいので、赤の他人からもらうことはなかなか難しく、だから姉妹からもらえるようにしておきたい、というのです。

大激論の末に、生殖補助医療部会は「兄弟姉妹から、卵子や精子、胚をもらってはいけない」という結論に達しました。子どもの家庭環境《かんきょう》や提供者へのプレッシャーを心配する声がまさったことになります。

それでは、兄弟姉妹でなくて、匿名の第三者からもらうのはどうでしょうか。

「出自を知る権利」をどこまで認めるか

日本でもこういう話がされるようになったのか。2003年12月に東京・港区の区民センターで開かれた講演会にでかけた時には、そんな感慨《かんがい》がわきました。

講演会のタイトルは「親・子ども・提供者の視点から考えるAID」。AID（エイ・アイ・ディー）とは「非配偶者間人工授精《ひはいぐうしゃ》」の頭文字をとったもので、夫以外の匿名の第三者から精子をもらって、子どもをもうける方法をいいます。「人工授精」は精子を女性の体に注入する方法で、卵子を体外に出して行う「体外受精」とは違《ちが》います。

ＡＩＤは日本でも50年以上前から慶応《けいおう》義塾大学を中心に実施《じっし》されて、一万人以上が生まれているといわれます。でも、その実態は明らかになっていません。というのも、ＡＩＤを利用して子どもをもうけた両親は、そのことを公《おおやけ》にすることにためらいがあり、医師もプライバシーの問題からなかなか実態を話してこなかったからです。ほとんどの両親は、子ども自身にも真実を伝えていないと思われます。

講演では、この技術によって生まれたオーストラリアの女子大学生ジェラルディン・ヒューイットさんが体験を話しました。彼女《かのじょ》は、5歳《さい》の時に両親から「真実」を告げられたそうです。家族が欲しかったのに、お父さんに精子がなかった。病院に行って、親切な人から精子をもらった、と。

そのとき、ジェラルディンさんは「じゃあ、精子をくれた人にプレゼントをあげなくちゃ」と答えたそうです。そんなふうに言える、ということが、ジェラルディンさんがどんな風に育ったかを示しています。

でも、だからといって、ジェラルディンさんが遺伝上の父親に無頓着《むとんちゃく》だということではありません。12歳になったころから、遺伝上の父親に興味がわきました。すると、両親が病院に聞いてくれたといいます。これも、なかなかの英断です。

結果的には、カルテが破棄《はき》されていて、詳《くわ》しいことはわかりませんでしたが、病院は、できる限りの情報を探して、ジェラルディンさんに教えましょうと言ったそうです。

ジェラルディンさんは、こうも言っていました。「私が精子提供者を探すのは、その人が父親だと思っているからではありません。私の父親は育ててくれた父。ただ、私自身のアイデンティティーを確立するために、遺伝上の親を知りたいのです」。

自分がどういう両親の子どもで、どのように育ったかを知る権利、これを「出自を知る権利」といいます。ジェラルディンさんが「アイデンティティーを確立するために遺伝上の親を知りたい」と言っているのは、まさにこのことです。最近、AIDで生まれた日本人女性の話を聞く機会もありました。彼女にとってショックだったのは、自分がAIDで生まれたという事実ではなく、親がそれを自分に隠していたこと、という発言が印象に残っています。

匿名の第三者から精子や卵子をもらう場合に、この「出自を知る権利」をどこまで認めるか。生殖補助医療部会では、これも大論争となりました。

前に述べた2000年の報告書では、生殖補助医療で生まれた子どもが知ることができるのは「卵子や精子の提供者個人が特定できない情報で、しかも提供者が教えてもいいと言った情報」ということになっていました。これで知ることができるのは、せいぜい、身長や体重といった情報でしょう。

これでは、何も知らされないのと同じようなものですが、「提供者の権利を守るため」という名目で、そうなっていたのです。

ところが、生殖補助医療部会では、「提供者の権利より、子どもの出自を知る権利の方が大事」という意見が続出しました。誰でも、自分がどのようにこの世に生まれてきたのか、知りたいのは当然です。その権利を永遠に奪《うば》われたままでは、子どもは納得《なっとく》できないだろう。だから、原則として子どもには遺伝的な親の氏名や住所まで知る権利を認める、という考えが次々と示されたのです。

一方で、「提供者がいいと言った場合だけ、個人を特定できる情報を教えてもいい」という考えを主張する人もいました。「提供者の権利も大事だし、あまり制限を厳しくすると、提供者がいなくなる」といった理由からでした。

結論はどうなったかというと、条件付きではあるものの、「AIDや卵子提供で生まれる子どもには、提供者の住所や氏名まで知る権利を認める」ということになりました。言い換えると、「自分の出自を知りたい」という子どもの気持ちに、最大限、応《こた》えられるようにしたわけです。

「受精卵養子」による親子関係

生殖補助医療部会は「胚の提供」についても議論しました（卵子と精子が受精してできる「受精卵」が、すこし育って分裂《ぶんれつ》した段階を「胚」と呼びます）。卵子も精子もないカップルが、別のカップルが体外受精で作った胚をもらってきて、女性が妊娠・出産する方法です。

この場合、生まれてくる子どもの「生みの母」はこの子を育てている女性です。父親はその夫です。一方、遺伝的な親は別にいます。胚を体外受精で作成し、この夫婦に提供したカップルがそうです。

結果的には、この子には親が2組、計4人いることになります。

こうした技術とは関係なく、親が4人いるケースはあります。養子として養親に育てられている子どもがそうです。このことから、胚の提供を「受精卵養子」などと呼ぶこともあります。

とはいうものの、本当に、普通の養子と受精卵養子は同じようなものなのでしょうか。里親や養親の場合、自分たちが産んだわけでも、遺伝的なつながりがあるわけでもないことを百も承知で、その子どもを慈《いつく》しんで育てていこうという覚悟《かくご》ができている人たちに違いありません。遺伝的な親の方も、その子を産んだのだということは、忘れられないはずです。

一方、胚の提供を受けた場合、子どもを産むのは自分たちなので、すでに誕生している子どもを養子にするよりも、覚悟は少なくてすむかもしれません。また、胚を提供した側は、おそらく自分たちの子どもだという気持ちは希薄《きはく》なのではないでしょうか。

にもかかわらず、生殖補助医療部会の結論に従えば、子どもは胚の提供者を知ることができます。提供者はたずねてきた子どもに、どんな気持ちを抱《いだ》くのでしょうか。

実は、2000年の専門委員会の報告では、夫婦ではない男女の卵子と精子から作った胚を提供してもらうことも認めていました。子どもから見ると、自分の遺伝的な両親が、赤の他人同士ということになるわけです。さすがに、生殖補助医療部会では禁止されていますが、技術的には可能です。

こうしたさまざまな要素が、子どもにとってどういう影響《えいきょう》を与《あた》えるのか。なかなか複雑だと思います。自分が、胚提供で生まれた子どもだったら、と想像すると、受け入れられるかどうか自信がありません。

だれが母親なのか？――代理出産の問題

それでは、自分がおばあさんのおなかから生まれたとしたらどうでしょうか。

「祖母が孫を出産する」という、普通ならあり得ないケースが日本国内で明らかにされたのは2006年10月のことでした。自分で産むことができない娘《むすめ》のために、その母親が「代理出産」したというのです。実施したのは、今度も長野県の不妊クリニックの同じ医師でした。

病気や事故で子宮を失った女性が、それでもどうしても子どもがほしいと考えた場合に、技術的には「代理出産」という方法があります。方法は二つあります。ひとつは夫の精子を代理母に人工授精するという方法で、「サロゲート・マザー」と呼ばれます。この場合、子どもの遺伝的な親は夫と代理母となります。

一方、妻の卵子と夫の精子を体外受精し、代理母が妊娠・出産するという方法は「ホスト・マザー」と呼ばれます。代理母はおなかを貸すだけで、子どもの遺伝的な親は代理出産を頼《たの》んだ夫婦となります。かつては主にサロゲート・マザーが行われましたが、最近はホスト・マザーが主流のようです（ここでは、どちらの場合も、出産する人を「代理母」と呼ぶことにします）。

「孫代理出産」は、病気で子宮を失った娘のために、母親が娘夫婦の受精卵を子宮に入れて出産しているので、「ホスト・マザー」にあたります。母親は50代の後半で、すでに閉経していたため、ホルモン剤《ざい》を使って、妊娠・出産できるように調整したそうです。

これより前に、代理出産を公表して話題になったタレントの向井亜紀《むかいあき》さんのケースも「ホスト・マザー」でした。向井さんは病気で子宮を摘出《てきしゅつ》したため妊娠できず、自分の卵子と夫の精子で受精卵を作り、これをネバダ州に住む米国人の代理母の子宮に入れ、出産してもらったのです。

向井さんがわざわざ米国まででかけたのは、日本で代理出産が禁止されているからです。といっても、法律があるわけではありません。禁止しているのは日本産科婦人科学会や、前に述べた厚生科学審議会の生殖補助医療部会です。

なぜ禁止したかというと、部会が合意している「人を生殖の手段として扱わない」「安全性に十分配慮《はいりょ》する」「生まれる子の福祉《ふくし》を優先する」という考えに反するからです。

確かに、代理出産は代理母の体を妊娠・出産のために利用していると考えることができます。妊娠・出産で命を落とす人もいるのですから、代理母を危険にさらす可能性もあります。子どもを産んだ後に、代理母が子どもに愛着を感じて、手渡《てわた》したくなくなる可能性もあります。実際、米国ではそうしたケースで訴訟《そしょう》が起きていますから、生まれてくる子どもの福祉や精神的な健康に不安が残ります。

代理出産という行為《こうい》自体を認めるかどうか以外にも問題があります。すでに代理出産で生まれた子どもの法的な位置づけです。日本の民法は「妊娠・出産した人が母親」という前提で成り立っています。ですから、代理出産をすれば、代理母が法律上の母親になります。

その結果、向井さんの代理母が産んだ双子《ふたご》の子どもの出生届は、品川区で受理されませんでした。これに対して向井さんは、「法律上の実子としてほしい」と訴え、2006年9月には東京高裁が「実子として出産届を受理するように」と異例の決定を下しています。品川区は高裁の決定を認めず、最高裁の判断を仰《あお》ぎました。最高裁は2007年3月に高裁の判断とは逆に、法的な親子関係は認められないという決定を下しました。

この問題についてはいろいろな意見があります。実の子として育てているのだから認めてあげればいいという考えもあります。一方、法律上の実子にしてもいいとすると、「代理出産で生まれた」という事実は、少なくとも法律上は「なかったこと」になります。それよりも、いったいどういういきさつで自分たちが生まれたのかを、子どもが大きくなったらよく説明してあげるほうがいい、という考えもあります。法律上の実子にしなくても、養子としてきちんと育てればいいのではないか、という指摘もあります。

日本では認められているとはいえない代理出産ですが、米国では主に「ビジネス」として行われています。産んであげるかわりに、お金が支払《しはら》われます。うまく妊娠・出産にこぎ着けられなければお金は支払われません。一人の代理母でだめなら、次の代理母というふうに産む人を替えることもあります。

代理出産で生まれる子どもに、なんらかの障害があることだってあるでしょう。そうした場合に、自分で産んでいなくても受け入れられるのか、といった心配もあります。「代理母のせいだ」と思う人だっているかもしれません。

「孫代理出産」を公表した長野県の医師は「親子愛の下で行われるので、子どもの引き渡し拒否《きよひ》や補償《ほしよう》なども無く、一番問題の起こりにくい代理出産」と主張しています。でも、本当にそうなのでしょうか。

うまくいっている場合はともかく、ひとたび問題が起きたら困るのは子どもです。それは、祖母が代理出産した場合も同じではないでしょうか。出産年齢を超えている祖母の身体的負担や危険も見のがせません。そう考えると、代理出産を認めるかどうかの判断はそう簡単ではありません。

だれが父親なのか？――死後受精の問題

代理出産とは別に、やはり子どもの戸籍《こせき》をめぐって争いになったケースがあります。「死後受精」で生まれた子どもの戸籍です。

ものごころがつかないうちに、お父さんが亡《な》くなって、顔も覚えていない。そんな子どもはきっとたくさんいるはずです。お母さんが妊娠中にお父さんが病気や事故で亡くなる場合もあるでしょう。

でも、お父さんが亡くなってから何年もして生まれる子どもは、普通はいないはずです。ところが、生殖技術を使うと、そういうことも可能になります。夫が生前に凍結《とうけつ》保存しておいた精子を、死後に解凍して、妻の卵子と体外受精するのです。

ある西日本の女性は、夫が白血病で、骨髄《こつずい》移植のための放射線照射を受ける前に精子を凍結保存しました。治療の影響で精子を作れなくなるかもしれないからです。治療を受けた後で、保存しておいた精子を使って子どもをもうけようと思っていたのだと思いますが、夫は亡くなってしまいます。それからしばらくして、妻は保存されていた精子を引き取り、別の病院で体外受精したのです。病院には夫の死亡はだまっていたようです。

男の子が生まれましたが、この子の戸籍の父親の欄《らん》は空欄になっています。なぜなら、受精の時にこの世に存在しなかった人を父親とする考えは、今の法律にはないからです。男の子の母親は「子どもの戸籍に父親を」と訴えて裁判を起こしましたが、最高裁まで争って2006年9月に敗訴しました。

この事例に対しても、代理出産同様に賛否両論があります。

まずは「死後受精」という行為自体を認めるかどうか。「不自然だ」という人がいる一方で、「死んだ夫の子どもが欲しい気持ちはわかる」という人もいます。「認めるとして、夫が死んでから10年後に体外受精してもいいのか」という疑問もあります。精子は長年、凍結保存できるので、極端《きよくたん》なことを言えば、仮に精子が保存されているなら「織《お》田《だ》信長《のぶなが》の子どもが欲しい」などと考える人だっているかもしれません。

「死後受精という行為は認めるが、戸籍上の父親は空欄で仕方がない」という人もいます。そもそも、戸籍の記載《きさい》によって差別を受けることが間違いである、という主張もあります。シングルマザーから生まれた子どもが差別されなければ、「差別を受けないように、どうしても戸籍上の父親が必要」ということはないはずです。

代理出産についても、死後受精についても、「法整備が現実の生殖技術に追いついていない」という言い方がされます。確かにそうですが、では、どんな法律でどこまで規制するのがいいのか。徹底《てってい》した議論抜きには決められそうにありません。

生殖補助医療についての論点まとめ

どうしても子どもが欲しいと思った場合に、「自然妊娠」以外にさまざまな技術があることをお話ししてきました。では、そうした技術を使ってもいいかどうかは、何を基準に考えればいいのでしょうか。

生殖補助医療が他の医療と異なる最大のポイントは、当事者が「患者《かんじゃ》と医師」にとどまらないということでしょう。医療を施《ほどこ》した結果、新たに一人の人間が産み出されるのですから、生まれてくる子どももまさに「当事者」です。

子どもを授からない親は、どのような技術を使っても子どもが欲しいと思っているかもしれません。でも、生まれてくる子どもは、自分の生まれ方も、生育環境も選べません。ですから、生殖補助医療では、「子どもの立場に立って考える」ということが非常に重要です。子どものことを優先して考えると、やめておいたほうがいい、という技術もあるはずです。

親が育てられない子どもの里親になったり、養子縁組を結ぶ代わりに、生殖補助医療を選択する人々の心理も考えてみる必要がありそうです。

不妊のカップルが卵子や精子、受精卵の提供を受けるということは、遺伝的なつながりがなくても「妻が産む」という行為を重んじるということでしょう。一方、代理出産（特にホスト・マザー）の場合は、自分で産むことはできなくても、「遺伝的なつながりを重んじている」と考えることができます。

どちらにしても、なんらかの「生物学的なつながり」を親になるためのよりどころにしているように思えます。

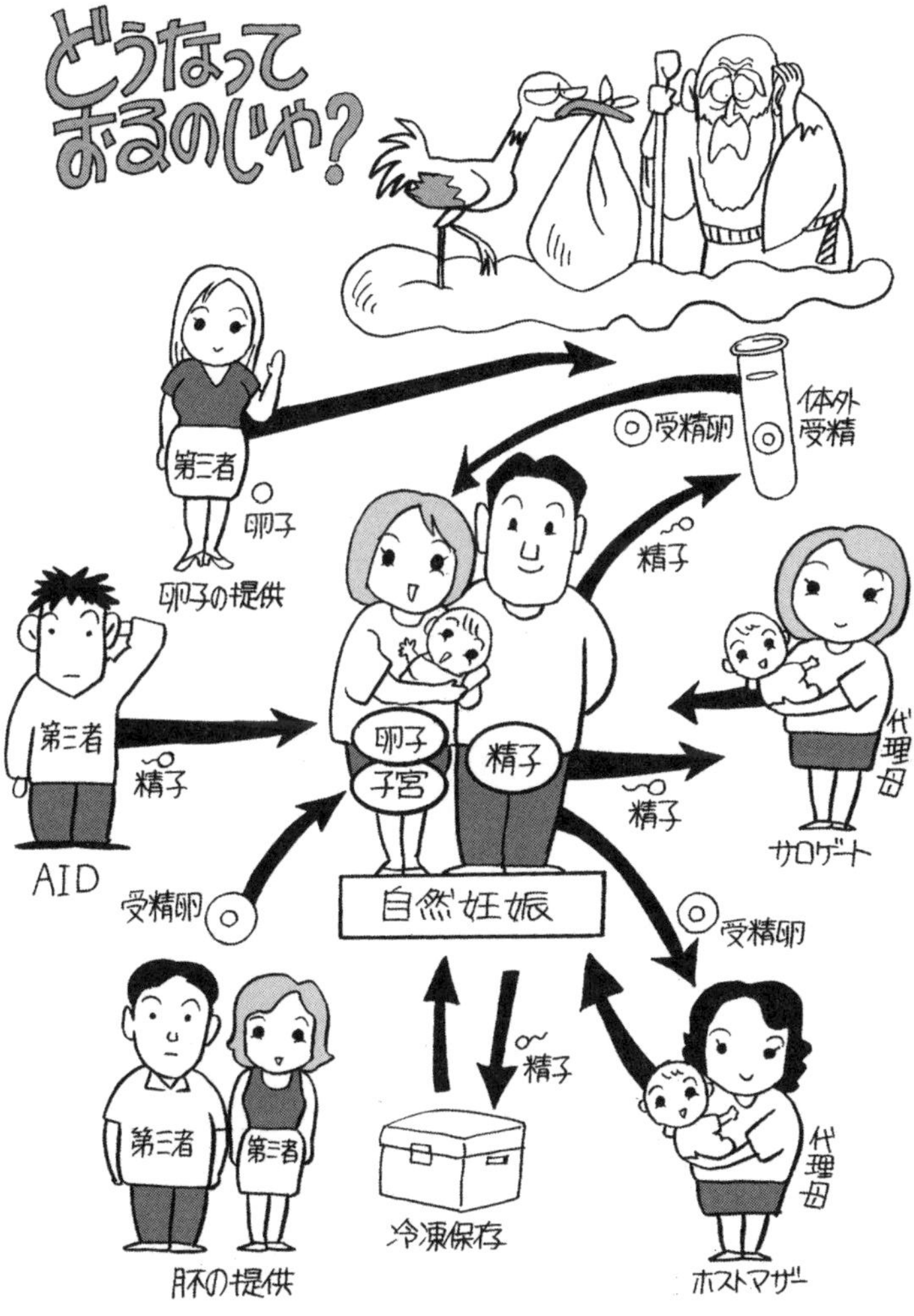

どうなっておるのじゃ?
体外受精
受精卵
第三者
卵子
卵子の提供
精子
第三者
精子
AID
卵子
子宮
精子
精子
代理母
サロゲート
受精卵
自然妊娠
受精卵
精子
第三者
第三者
冷凍保存
代理母
胚の提供
ホストマザー

もちろん、そういう気持ちがわからないわけではありません。でも、生物学的なつながりこそが最良のものだとは限りません。生物学的なつながりを重視しすぎると、実の親が育てられない子どもたちへの偏見《へんけん》にもつながりかねません。生殖補助医療について考えるのなら、一方で、実の親が育てられない子どもたちに育ての親を与えてあげることも、きちんと考えなくてはならないはずです。

さらに、生殖補助医療の進展が、「子どもがいることが幸せで、いない人は不幸」という考えに結びつかないように注意することも大事です。子どもをもうけるかどうかは個人の自由ですし、望んだのにできない場合でも子どものいない人生を幸せに生きていくことができるはずです。

どんな技術を使っても子どもが欲しいという気持ちに、「子どもがいないと不幸」「女性は子どもがいて一人前」といった暗黙《あんもく》の周囲の圧力や偏見が影響していないかどうか。そんな点まで考えてみる必要があるのではないでしょうか。

だれがルールを定めるのか

もうひとつ整理しておきたいのは、誰がルールを決めるのか、です。

生命倫理にかかわるような先端医療のルールを、誰が、どのように決めるのかについて、原則があるわけではありません。まったく規制をせずに自由にする、という考えもあるでしょう。でも、それだと問題が起きる恐れがあると考えられる場合は、さまざまなレベルでルール作りが考慮されます。

生殖補助医療の場合、まず、実際に医療を手がける専門家集団として、日本産科婦人科学会がルールを作り会員に周知しています。でも、学会のルールは法律ではありませんから、破っても罰則《ばっそく》がありません。せいぜい、会を除名されるくらいで、除名されても医療行為は続けられます。

非配偶者間体外受精を実施した長野県の医師も、一度は学会を除名されましたが、生殖補助医療は続けていました。

国民への影響が大きく、学会のルールだけでは律しきれないような場合に、国レベルつのルール作りが考慮されます。厚生科学審議会は先端医療のルール作りを手がけるひとつの機関です。ここで指針をまとめて、国のルールとする方法もあります。裁判の判断を積み重ねる方法もあるでしょう。

生殖補助医療の場合は、厚生科学審議会の議論を元に、法制化も考慮されてきました。それでも、なかなか法律にはむすびつかず、法務大臣と厚生労働大臣が、学者の集まりである日本学術会議に改めて審議を要請《ようせい》し、2007年1月から検討が始まっています。

法律や国のルールが求められるのは、事が一人の人間を産み出す技術だからでしょう。代理出産などを認めるか、というだけでなく、生まれる子どもの法的な地位についても一定のルールがないと、さまざまな混乱が生じる恐れは否定できません。

2章　生命を複製する ――クローンと再生医療《いりよう》

私がクローン羊「ドリー」を英国北部の街エジンバラに訪ねたのは、2000年2月のことです。ちょうど、オックスフォードに滞在《たいざい》していた時で、鉄道に何時間も揺《ゆ》られてたどり着きました。

ドリーが生まれたのは「ロスリン研究所」という所です。1996年7月に誕生して以来、そこで暮らしていました。研究所といっても、ドリーが住んでいたのは近代的でぴかぴかした建物の中ではありません。牧草地の中の大きな小屋といった感じの素朴《そぼく》な建物の中でした。

鍵《かぎ》をがちゃっとあけてもらって小屋の中に入り、まず驚《おどろ》いたのは、ドリーがとても人なつこかったことです。

世紀の大スターですから、ちょっと気むずかしいのかと思ったらとんでもない。カメラを向けると愛想を振《ふ》りまいて寄ってきます。「観客が大好きなんです」と担当の研究者が笑っていたのを思い出します。

でも、ドリーの誕生は笑い事ではありませんでした。

そのニュースを私たちが知ったのは、実際の誕生から半年以上たった1997年2月のことです（それまで、研究所は秘密にしていたんですね）。海外からの通信社電が流れてきたのは夕刊を作っている朝の時間帯で、私はちょうど新聞社の机の前にすわっていました。

とたんに大騒《おおさわ》ぎになったと思うかもしれませんが、実はそうではありません。第一報は短く、トーンも控《ひか》えめでした。しかも、「英国の新聞が報道した」という伝聞形式の記事だったので、「ほんとうなの？」といった雰囲気《ふんいき》が一時は流れたのです。

でも、その後は大騒ぎでした。ドリー誕生のニュースは世界をかけめぐり、各国の政府や議会までが乗り出す事態になったのです。

いったいなぜ、ドリーの誕生がこれほど注目を集めたのでしょうか。

この章ではクローン技術や再生医療の技術と、その倫理《りんり》について考えてみます。

©清水玲子／白泉社

清水玲子《しみずれいこ》さんのコミック『輝夜姫《かぐやひめ》』は、1993年から2005年までの連載でした。テーマはずばり、「クローンと臓器移植」。孤島《ことう》で育った子どもたちは、長じて、自分たちが各国の要人のクローンであり、臓器移植のためのスペアであることを知ります。私はもともと清水玲子ファンではありましたが、この作品にはまったのは、その先見性に引かれたからでもあります。クローン羊「ドリー」の誕生が明らかになったのは連載開始から4年後の1997年2月。ここから、クローン技術を使った「移植用の臓器作り」が現実に考えられるようになったのです。

クローン技術の原理は孫悟空《そんごくう》の分身術のよう

アインシュタインのクローンやヒットラーのクローンが、一列になってにこやかに行進している。ドリーの誕生が明らかになった翌週、ドイツの週刊誌「シュピーゲル」の表紙にはこんなイラストが載《の》りました。今でも覚えているのは、まさにこれが、人々がクローン人間に抱《いだ》くイメージだという気がしたからでしょう。

同じ哺乳類《ほにゅうるい》なのだから、羊でできたことは、人間でもできるはず。ドリー誕生を知って誰もが考えたのがクローン人間の可能性でした。

クローンの倫理問題を考える前に、まずはクローンとは何かをおさらいし、クローン動物について考えてみることにします。

クローンの語源はギリシア語で「小枝」という意味だそうですが、生物学では「遺伝的に等しい細胞や個体同士、または集合」のことをいいます。個体というのは、一頭の羊とか、一人の人間とか、一本の木、という意味です。つまり、互《たが》いに遺伝情報が等しい細胞《さいぼう》や樹木、動物はクローンということになります。

大腸菌《だいちょうきん》などの細菌が分裂《ぶんれつ》して2個、4個、8個と増えていくところを見たことがあるかもしれません。細菌が分裂するときは、細菌が持っている遺伝情報もコピーされて二つに分かれます。ですから、分裂した細菌同士やその集団はクローンとなります。

挿《さ》し木《き》で植物を増やす場合も、遺伝情報は元の木と同じですから、やはりクローンです。

生物学の研究では、同じ遺伝子をどんどん増やす作業が日常的に行われます。この場合も遺伝子同士はクローンです。

このように、生物のクローンは以前から存在したのに、なぜクローン羊が大騒ぎになったのか。

『西遊記』には、孫悟空が自分の毛を抜《ぬ》いてフッと息を吹《ふ》きかけると次々と自分の分身が生まれる、という話が登場します。これはもちろん、お話で、そんなことはあり得ない、と誰《だれ》もが思うはずです。

でも、一言でいえば、ドリーを作り出した技術は『西遊記』の分身の術のようなものだったのです。

ただし、毛の代わりに「乳腺細胞《にゅうせん》」と呼ばれる細胞を使いました。フッと息を吹きかける代わりに用いたのは、「核移植《かく》」という技術です。

もっと詳《くわ》しくいうと、次のようになります。

ドリーを作った研究チームは、まず、雌羊《めひつじ》の卵子《らんし》を用意し、ここから羊の遺伝情報が入っている細胞核を取り除きました。除核したあとに残るのは卵子の殻《から》の部分です。ここに特別な条件で培養《ばいよう》した6歳《さい》の雌羊の乳腺細胞を入れて、電気刺激《しげき》を加えます。すると、乳腺細胞の持つ遺伝情報が卵子の中に入《はい》り込《こ》み、受精卵のようになって分裂を始めたのです。乳腺細胞には1頭の羊を作り出すのに必要な遺伝情報がそろっているので、その点では受精卵と同じです。

このように、核を除いた卵子に細胞や細胞核を入れる方法を「核移植」と呼びます。核移植でできた受精卵のような細胞を代理母羊のおなかに戻《もど》します。その結果、生まれてきたのがドリーでした。乳腺の細胞を使ったことから、グラマーな歌手の名前にちなんでドリーと名づけたそうです。ちょっとした洒落《しゃれ》のようなものです。

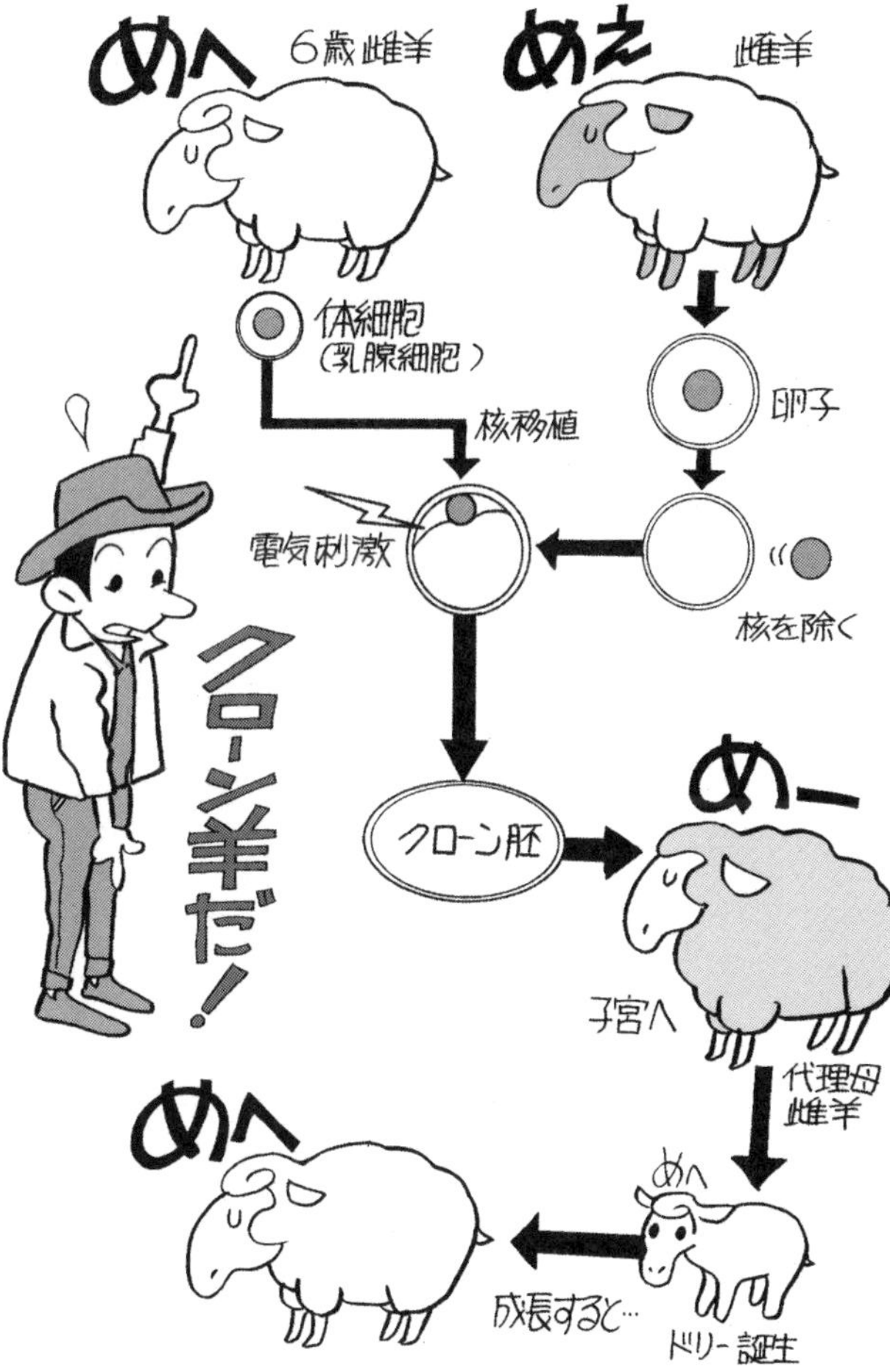

めへ
6歳雌羊
めえ
雌羊
体細胞
(乳腺細胞)
卵子
核移植
電気刺激
核を除く
クローン羊だ!
クローン胚
めー
子宮へ
代理母雌羊
めへ
めへ
ドリー誕生
成長すると…

世界初のクローン羊として注目を集めたドリー。研究所を訪ねると、こんな人なつっこい表情を見せた(2000年2月、著者撮影)

ドリーのもとは乳腺細胞ですから、その遺伝情報は乳腺細胞の持ち主だった6歳の雌羊と同じです。したがって、この雌羊のクローンということになります。つまり、この雌羊の「乳腺細胞」から雌羊の「分身」が生まれたのです。

では、乳腺細胞から分身が生まれると、なぜ驚きなのでしょう。

乳腺細胞や髪の毛の細胞は、「体細胞」の仲間です。皮膚《ひふ》や筋肉の細胞もそうです。これらの細胞は、髪なら髪、筋肉なら筋肉というように、役割が決まっています。ですから、ここからまるまる一頭の羊や、一人の人間が生まれることはあり得ないと考えられてきました。

一方、卵子と精子が受精してできる受精卵は、まだ役割が決まっていません。分裂を続けるうちに、徐々《じょじょ》に役割が決まっていきます。言《い》い換《か》えると、どんな細胞にもなれる細胞です。この性質を「全能性」と呼びます。

受精卵が分裂を繰《く》り返《かえ》し、いろいろな役割を持つ細胞を作りながら、一人の人間や一頭の羊が育っていく過程は、「分化」と呼ばれます。

この分化の道筋は、普通《ふつう》は逆戻りできません。皮膚になったら皮膚の役割、乳腺になったら乳腺の役割を果たすのが役目です。

ところが、ドリーはこの常識を覆《くつがえ》しました。いったん役割が決まった乳腺の細胞から、ドリー全体を作るのに必要なあらゆる細胞ができたからです。つまり、乳腺細胞が「リセット（初期化）」され、受精卵のような全能性を取り戻し、そこから一頭の羊が生まれたのです。

ある動物の身体の一部から、挿し木のような無性生殖《せいしょく》で、その動物とまったく同じ遺伝情報を持った動物を作り出す。これが、クローン羊の驚きだったわけです。

クローン牛——おいしいお肉を大量生産するために

ドリー誕生から2年ほどたった1998年、私は金沢《かなざわ》郊外にある石川県畜産《ちくさん》総合センターを訪《おとず》れました。めざすは世界初の体細胞クローン牛、「のと」と「かが」です。

ここでわざわざ「体細胞クローン」とことわるのにはわけがあります。牛の場合、以前から「受精卵クローン牛」と呼ばれる牛がつくられてきたからです。

体細胞クローンというのは、ドリーのように大人の体細胞から生まれたクローン動物のことです。一方、受精卵クローンは、受精卵が何回か分裂したところで、細胞をひとつずつバラバラにして、それぞれの細胞を別々の卵子の殻に核移植して作ります。

体細胞クローンの場合は、体細胞を提供した大人の動物と子どもがクローンになります。でも、受精卵クローンの場合は、生まれてくる子ども同士がクローンです。受精卵が8細胞に分かれたところで、それぞれを核移植して子牛をつくったとすると、8頭の子牛同士はみんなクローンで、「一卵性の8つ子」となります。

受精卵クローンができた時には、体細胞クローンのような驚きはありませんでした。

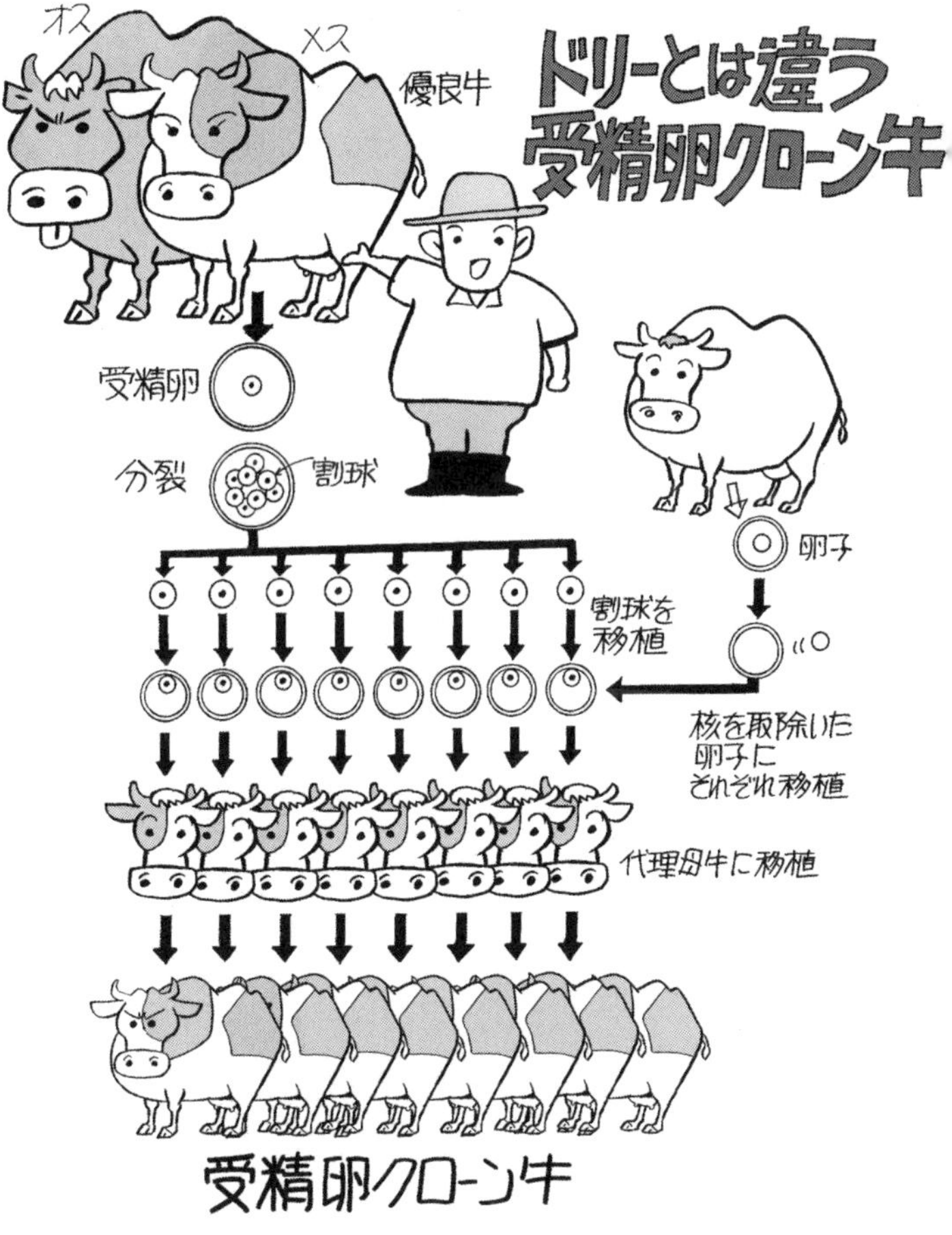

ドリーとは違う
受精卵クローン牛
オス
メス
優良牛
受精卵
分裂
割球
卵子
割球を
移植
核を取除いた
卵子に
それぞれ移植
代理母牛に移植
受精卵クローン牛

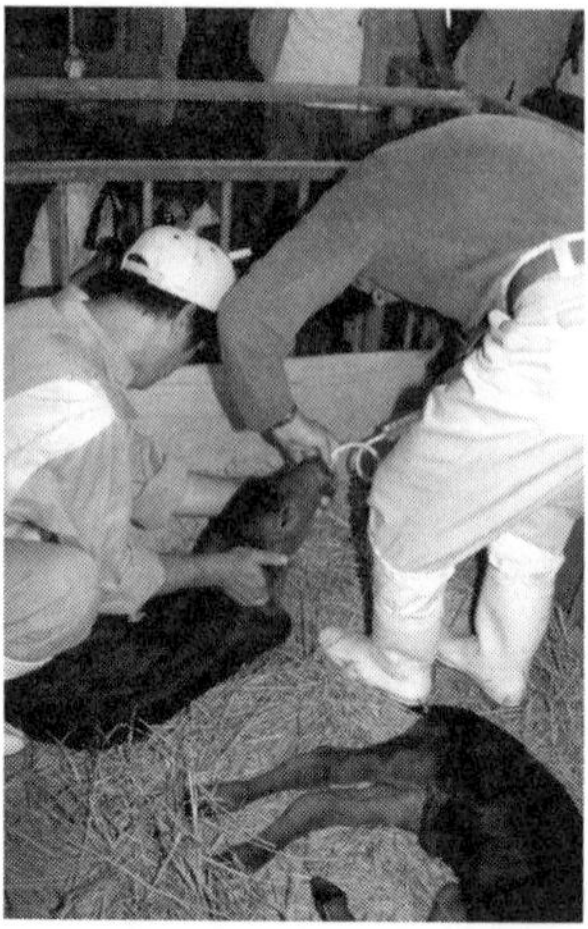

世界初の体細胞クローン牛「のと」と「かが」(1998年7月5日撮影、写真提供：毎日新聞社)

なぜなら、受精卵にはどんな細胞にもなれる全能性があって、8分割、16分割したくらいだと、まだその力が残っていると考えられたからです。

受精卵クローン牛の技術がすでにあったためでしょう。体細胞クローン牛作りに世界で初めて成功したのは、日本の近畿《きんき》大学などのチームでした。大人の雌牛の細胞を使って、2頭の雌牛「のと」と「かが」を誕生させたのです。2頭は、同じ雌牛の体細胞からつくられたので、もとの牛のクローンというだけでなく、お互いもクローンです。

この2頭を見せてもらうためには、長靴《ながぐつ》に履《は》き替《か》えて、消毒液にざぶざぶと靴をつける必要がありました。外から病原菌などを運び込まないためです。

黒毛の2頭の子牛は牛舎でおとなしく寝《ね》転《ころ》がっていました。たしかにそっくりでしたが、この時はあまり元気がありませんでした。後からお話しするように、クローン牛には異常が見られることが多いので、「だいじょうぶかな」とちょっと心配になりました。でも、2頭は元気に育ち、その後どちらも子牛を産んで、お母さんになったそうです。

それにしても、なぜ、日本ではクローン牛作りが盛《さか》んだったのでしょうか。

農林水産省のデータによると、2007年9月30日までに受精卵クローンを手がけた研究機関は43施設《しせつ》、生まれた受精卵クローンは716頭に上ります。体細胞クローンの方は、42施設で535頭が生まれています（この中には死産も含まれます）。受精卵クローン牛は4割が食肉として出荷されました。一方、体細胞クローン牛の出荷は認められていません。

クローン牛を作る目的は、一言で言えば「遺伝的に優《すぐ》れた性質を持つ牛を、たくさん作ること」です。優れた性質というのは、たとえば「おいしい牛肉がとれる」とか「ミルクがたくさん出る」といった、人間が望むような性質のことです。

人間は昔から、優れた性質の家畜を育てようと、牛同士の掛《か》け合《あ》わせを工夫《くふう》してきました。でも、望み通りの牛を作るのは簡単ではありませんし、時間もかかります。受精卵クローンは優れた雌牛と雄牛《おうし》を掛け合わせた受精卵から作るので、優れた子牛が複数生まれる可能性はありますが、必ずしも思い通りにはいきません。生まれてみないとわからない不確定要素があり、うまくいくかどうかは「賭《か》け」のようなものです。お金もかかり、最近は出産が減っています。

一方、体細胞クローンの最大のポイントは、「すでにこの世に存在していて、性質がわかっている牛」の遺伝的コピーが作り出せるということです。環境《かんきょう》要因があるとはいえ、元の牛が優秀《ゆうしゅう》なら、クローン牛も優秀である可能性が高くなります。そこに、クローン牛の研究を進めようと考える研究者のねらいがあるわけですが、市場に出せないこともあり、研究は停滞《ていたい》気味です。では、他の動物の場合はどうでしょうか。

クローン豚《ぶた》――臓器移植の供給源にするために

「これが6年前に生まれた日本初のクローン豚です」。茨城県《いばらき》にある農林水産省の研究所で紹介《しょうかい》された元気な黒毛の豚を見て、「おお、君がゼナ」と声をかけたくなりました。2000年の7月に生まれた時には、新聞などの写真で何回も目にしながら、実際に対面するのは初めてだったからです。

クローン豚が研究されてきた理由は、クローン牛とはちょっと違《ちが》います。優れた性質の豚をたくさん作る目的でも使えないわけではありませんが、他にも利用できるのではないか、と思われてきたのです。

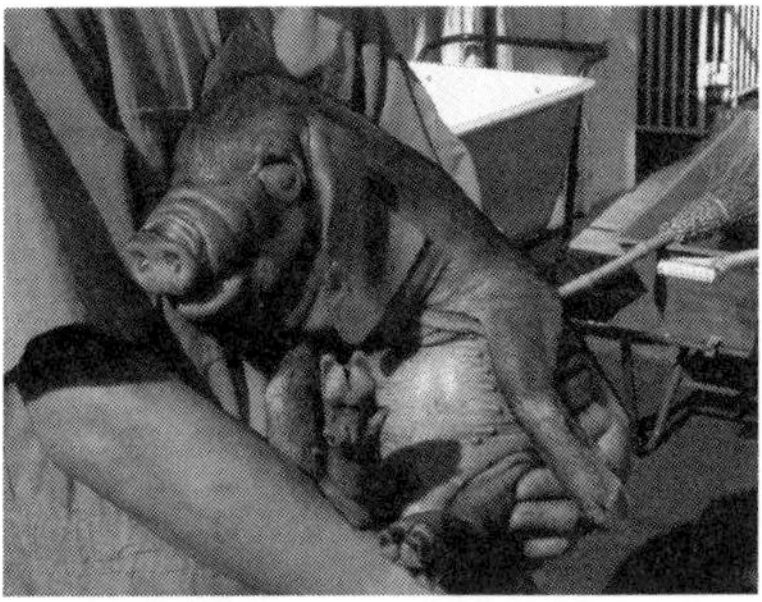

日本初の体細胞クローン豚（2000年８月17日撮影、写真提供：毎日新聞社）

「ゼナ」という名前にも、その技術への思いが反映されています。それは「異種移植」と呼ばれる技術です。英語では「ゼノ・トランスプランテーション」と呼ばれます。「ゼナ」という名前は、そこからとられたのです。

人間の臓器移植には、人間の臓器を使うのが普通です。それでも、提供を受けられる人間の臓器には限りがあります。代わりに、動物の臓器が移植できないか、というのは誰でも考える発想でしょう。

中でもブタは、臓器の大きさや機能が人間に近く、研究のターゲットになっているのです。

でも、ブタの臓器をそのまま人間に移植したら、急激な拒絶《きょぜつ》反応が起きて、すぐに臓器はダメになってしまいます。そこで、考えられたのが、拒絶反応が起きないように遺伝子改変したブタのクローンをたくさんつくって、臓器の供給源とする方法です。

実際、拒絶反応を抑《おさ》えた組み換えクローン豚が作り出されています。そのブタの臓器をサルなどに移植する実験も実施されました。いずれ、人間に移植できるようになるかもしれませんが、それでも問題は残ります。ひとつには、移植を受けた人がブタが持っているウイルスに感染《かんせん》する恐《おそ》れがあるということです。そうすると、人間界にブタのウイルスが蔓延《まんえん》してしまわないとは限りません。

これは、ブタに限らず、異種移植全般《ぜんぱん》が抱《かか》える問題です。異種移植の研究は難しく、実現は、まだまだ先の話ですが、厚生労働省の研究班は、異種移植を受ける患者《かんじゃ》に定期検査や死後の解剖《かいぼう》を義務付ける指針を2001年度にまとめています。英国では性交渉《せいこうしょう》の相手を登録する、という議論があったほどです。さらに、異種移植を受けた人が、体に動物の臓器を持っているということで、心理的な問題を抱える恐れもあります。

それでも、臓器が不足していたら異種移植を受けるか。ゼナを見ながら考えてしまいました。

クローンペットがビジネスになる日

2002年の2月のある朝、英国の科学誌「ネイチャー」から「Urgent（至急）」というプレスリリースがメールで届きました。中身は、米国のテキサスにある大学が「クローン猫《ねこ》」作りに成功したというニュースでした。本来、毎週木曜日に発行の「ネイチャー」に掲載《けいさい》される論文なのですが、あちこちのメディアが報道し始めているので、発行日を待たずに報道解禁する、という内容でした。

誕生したクローン子猫はコピー・キャットの頭文字をとって、CCと名づけられました。このニュースを知って感じたのは、「とうとう、クローン・ペット作りがビジネスになる時代がやってくるのだなあ」ということでした。

実際、このクローン猫作成プロジェクトは、アリゾナの実業家から提供された資金で進められていました。本来はミッシーという名前の愛犬のクローンを作ることが目的でしたが、2000年に、「Genetic Savings & Clone（GSC）」社を設立し、クローンペットのビジネスを始めたのです。クローン犬作りはクローン猫より難しく、この会社が手始めに手がけたのはクローン猫作りのサービスです。2004年12月には5万ドルで「リトル・ニッキー」を依頼主《いらいぬし》に届けました。リトル・ニッキーは2003年11月に17歳で死んだ「ニッキー」のクローンだそうです。

GSC社は2005年にクローン作りの費用を3万2千ドルに値下げしていますが、それでも高価です。結局、顧客《こきゃく》が集まらずにビジネスから撤退《てったい》しましたが、もし、もっと安くできれば、顧客はどんどん増えるのでしょうか。

家族のようにかわいがっていたペットをもう一度蘇《よみがえ》らせたいという気持ちは、わからないではありません。日本でも、「事故で死んでしまった愛犬の細胞を保存してほしい」という依頼を受けたことがある、という研究者がいます。

でも、クローン猫もクローン犬も、たとえ見かけが同じでも、元の猫や犬とまったく同じであるはずはありません。それでも、クローンペットを作ることに問題はないのでしょうか。

治療薬を製造する「動物工場」とは？

ドリーの誕生から1年後の1997年7月、ドリーを生み出したロスリン研究所で別のクローン羊が生まれました。名前は「ポリー」。ポリーもドリーと同じように体細胞の核移植によって生まれたのですが、ドリーとはちょっと違う特徴《とくちょう》を持っていました。細胞の中に、人間の遺伝子が組み込まれていたのです。

実は、ロスリン研究所がクローン羊を作った本来の目的は、ポリーのような「遺伝子組み換えクローン」を作ることでした。なぜなら、この技術は動物を使って薬を大量に作る「動物工場」に結びつくからです。

ポリーに組み込んだ遺伝子の正体は、最初は秘密にされていましたが、その後、人間の血液凝固《ぎょうこ》因子だったことがわかりました。血液凝固因子は、出血が止まりにくい血友病の治療などに使うことができます。

この因子を羊のミルクにうまく分泌《ぶんぴ》させることができれば、ミルクを集めて薬を採り出すことができるでしょう。人間の血液から採り出すよりも、大量に作れますし、血液に含《ふく》まれるウイルスの感染も避《さ》けられます。

一方、動物の病原体が入り込まないか、という心配はあります。さらに、「動物工場」には、動物を薬作りの「道具」にしているという側面もあります。ただ、家畜はそもそも、人間にとって食料供給やミルク生産の「道具」であるといえばその通りでもあります。

ポリーを皮切りに、いろいろな遺伝子を組み込んだ組み換えクローン動物が作られてきました。でも、思ったほど研究は進まず、動物工場で生み出された薬はまだ、市場に出ていないのが現状です。

クローン技術を使えば、絶滅《ぜつめつ》動物が再生できる?

マイクル・クライトンが書いた『ジュラシック・パーク』は、なかなかの傑作《けっさく》でした。映画も「パート1」は見応《みごた》えがあり、現代に蘇った恐竜《きょうりゅう》のリアルさに思わずぞっとするほどでした。

ジュラシックは「ジュラ紀の」という意味で、今から約2億年前から1億数千万年前の時代を表します。まだ人間が誕生していないこのころ、地上は恐竜の楽園でした。ところが、6500万年前に恐竜は絶滅してしまいます。原因は小惑星《しょうわくせい》の衝突説《しょうとつせつ》が有力ですが、本当のところはわかりません。

いずれにしても、いったん絶滅してしまった恐竜は、普通なら二度と再び地上に蘇らせることはできません。それをクローン技術で再生したのが、ジュラシック・パークでした。

お話の中では、恐竜と同時代に生きていた昆虫《こんちゅう》が恐竜の血を吸ったまま琥珀《こはく》に閉じこめられていた、という設定になっています。琥珀というのは樹脂《じゅし》の化石です。残されていた恐竜の血液細胞からDNAを抽出し、塩基配列を解読する。DNAが損傷している部分は修復し、ワニの未受精卵を利用してDNAを置き換える、といった手順が描かれています。ワニは恐竜に近いとされるので選ばれたのでしょう。恐竜のDNAが損傷している部分は、カエルのDNAで補ったことになっています。

では、現実にそんなことが可能なのでしょうか。

米国のマサチューセッツ州郊外《こうがい》にある「アドバンスト・セル・テクノロジー（AC

T)」社は、絶滅動物のクローンを誕生させる技術を実証してみせたことがあります。といっても、恐竜のように大昔に絶滅した動物を蘇らせたわけではありません。彼《かれ》らが誕生させたのは、絶滅寸前の「ガウル」と呼ばれる野生の牛でした。

2000年の12月、私がACT社をたずねたのは、もう少しでガウルのクローンが誕生するという時期でした。研究チームは8年間凍結《とうけつ》保存されていたガウルの細胞を、普通の牛の卵子を使って核移植し、普通の代理母牛のおなかに着床《ちゃくしょう》させたのです。

この子牛は、生まれる前から「ノア」と名付けられていました。旧約聖書で動物たちを大洪水《だいこうずい》から救った「ノアの箱船」のノアにちなんだ名前です。

ガウルの子牛は2001年1月8日に誕生しましたが、残念ながら2日後に細菌感染で死亡してしまいました。でも、クローンを誕生させること自体には成功したことになります。

この方法がうまくいくのなら、すでに絶滅してしまった動物でも、同じ方法で再生させられるはずです。ただし、どんな動物でも再生できるわけではありません。

ACT社で確認《かくにん》したところ、絶滅した哺乳類を再生できる条件は三つあります。まず、再生させたい動物の完全な「生きた」細胞が残っていること。次に、近縁《きんえん》の動物の卵子があること。そして代理母になる動物がいることです。

ガウルはこの条件がそろっていましたが、恐竜はどうでしょうか。恐竜は卵から生まれる爬虫類《はちゅうるい》ですから、代理母は必要ないかもしれません。近縁の動物の卵子としてワニの卵子が使えるかどうか。これは微妙《びみょう》なところです。でも、なにより問題なのは、「生きた細胞」が入手できるかということでしょう。

ここでいう「生きた細胞」は、凍結保存されていてもいいのですが、培養《ばいよう》すると活動を始めることができる細胞です。もし、細胞が残っていても、中のDNAが壊《こわ》れていたら、培養しても生き返らせることができません。

『ジュラシック・パーク』では、恐竜の血液細胞からDNAを抽出《ちゅうしゅつ》して分析《ぶんせき》していますが、DNAだけが存在していても、今の技術ではその生物を再生することはできません。

日本にはマンモス再生計画を提案している人もいます。もし、運良くシベリアの永久凍土に完全な細胞が凍結保存されていたら、不可能ではないかもしれません。卵子や代理母はゾウにお願いすることになるのでしょう。

でも、絶滅した動物を復活させること自体に、問題はないのでしょうか。

動物が絶滅するのにはそれなりの理由があります。恐竜絶滅の原因がなんであれ、最終的には環境の変化に対応できなかったために滅《ほろ》びたのです。環境の変化は自然現象がもたらすだけではありません。人間が地球上に登場してからは、人間も環境に変化をもたらしてきました。産業革命以降は、さらに人間による環境破《は》壊《かい》が進み、動物の絶滅に拍車《はくしゃ》をかけてきました。

ＷＷＦ（世界自然保護基金）は「近代から現代にかけて起きた野生生物の絶滅の原因は、ほぼ１００％人類の行為《こうい》に起因する」と指摘《してき》しています。

環境の悪化によって絶滅してしまった動物は、たとえ再生することができたとしても、同じような環境の下では再び絶滅してしまうでしょう。もし、絶滅動物を復活させたいのなら、失われた環境から再生する必要があるはずです。その覚悟《かくご》がないのに、動物を再生して、動物園の檻《おり》に閉じこめておくだけなら意味はありません。

マイクル・クライトンの『ジュラシック・パーク』では、恐竜が人間の予想を超《こ》えて増殖し、しかも人々を襲《おそ》います。自然を操作しようとした傲慢《ごうまん》な人間へのしっぺ返しと受け取るのは、考えすぎでしょうか。

クローン人間は元の人間のコピーではない

ここまで、クローン動物について考えてきましたが、ここからは問題のクローン人間について考えてみます。

ドリーの誕生が明らかになった直後、「ヒットラーのクローン」だの「フセインの影《かげ》武者《むしゃ》」だのというジョークをあちこちで目にしました。「フセイン大統領が自分のクローン作りの研究を科学者に指示した」などといううわさまで流れました。

こうした話題が注目を集めたのも、「クローン人間は、元の人間のコピーである」というイメージがあって、二人目のヒットラーが現れたらどうしよう、と思うからでしょう。

では、クローン人間は、そっくりそのまま誰かのコピーになるのでしょうか。

ここで考えなくてはならないのは、「遺伝子が等しい」ということの意味です。もし、ヒットラーのクローン人間を作ったら、確かにお互いの遺伝子は同じでしょう。でも、だからといって、「まったく同じ人間か」というと、そんなはずはありません。手がかりになるのは、一卵性の双生児《そうせいじ》です。一卵性双生児というのは、母親のおなかの中で一つの受精卵が二つに分かれて、それぞれが一人ずつの人間に成長したものです。元の受精卵が同じなのですから、遺伝子も同じです。

だからといって、一卵性双生児が人格まで等しい「同じ人間」だとは誰も思わないでしょう。見た目は確かに似ています。でも、性格や能力がまったく同じということはあり得ません。

それもそのはず。次の章でもお話ししますが、人間は遺伝子だけで決まっているわけではないからです。育った環境や教育、本人の努力などに左右されるのです。

人間ではなくて、動物でも同じです。つくば市にある農林水産省の畜産草地研究所で見せてもらった受精卵クローン牛の5つ子は、確かにそっくりでした。でも、よく見ると、微妙に顔の形や身体の大きさが違いました。「性格も違います。これは臆病《おくびょう》だけど、こっちは食いしん坊《ぼう》」と研究所の人も話していました。

ただし、遺伝的にまったく関係のない赤の他人に比べたら、フセインのクローン人間はフセインに似ているはずです。見かけはもちろん、どんな病気にかかりやすいかという点まで、似ている可能性があります。

このように、「遺伝子が等しい」ということが人間にとって何を意味するかは、簡単ではありません。ですから、クローン人間を規制するときにも重要な論点になったのです。

クローン人間は本当に誕生するのか

ドリーの誕生からしばらくして、「クローン人間を作る」と公言するグループが現れました。イタリアとアメリカの研究者を中心とするグループや、宗教団体です。イタリアなどのグループは、不妊《ふにん》のカップルを対象に親の遺伝子を受《う》け継《つ》ぐ子どもを作る、という計画でした。

イタリアとアメリカの研究者は、その後、仲違《なかたが》いしたらしく、別々にクローン人間計画を発表するようになりました。イタリアのグループは2002年に「クローン人間を妊娠《にんしん》中」と発表し、アメリカのグループも「準備中」と話しました。

さらに、2002年の暮れには、スイスに本部を置く宗教団体が、クローンの女の子を誕生させた、と発表しました。米国人女性の皮膚細胞を使って、この女性のクローンを作ったというのです。

クローン人間の赤ん坊が生まれたという証拠《しょうこ》は、まったく示されませんでした。それでも、この発表を聞いた私たちが「そんな馬鹿《ばか》な」と一笑《いっしょう》に付したかというと、そうではありませんでした。「もし、本当に生まれていたら」という前提で、人々はコメントをしたのです。

それには理由があります。クローン人間は「技術的には作ることが可能だ」と考えられてきたからです。羊や牛でできた生殖技術は、だいたい、人間でもできると考えられます。クローン人間の可能性についても、多くの専門家が「技術的には可能」と答えています。

ただし、問題があります。第一に、成功率はかなり低いはずです。クローン羊ドリーを誕生させたグループは、全部で227個の卵子に核移植して、たった一頭の羊を誕生させました。同じように、クローン人間を作ろうと思ったら、多数の未受精の卵子が必要になるはずです。

いったい、その卵子はどこから調達してくるのでしょうか。

もし、なんとか卵子が調達できて、クローン人間の妊娠に成功したとします。それでもまだ問題があります。生まれてくる子どもの安全性です。

技術を阻《はば》むのは、低い安全性

クローン動物ではこれまでにさまざまな異常が報告されています。

例えば、体細胞クローン牛では流産や死産が普通の牛よりも多くなります。出生直後の死亡も増えます。母牛の中で大きく育ちすぎてしまう現象も見られます。これまでに生まれた体細胞クローン牛の約3割は、死産だったり出生直後に死亡したりしています。腎臓《じんぞう》、肝臓《かんぞう》などの異常、呼吸器の異常、染色体の異常もクローン動物に多く見られます。こうした問題の多くは、「不完全な初期化」によるものだと考えられています。つまり、核移植した時に、完全な受精卵のようになっていないため、という考えです。

ドリーで話題になった「テロメアの長さ」の問題もあります。テロメアというのは、染色体のはじっこにある特別な部分で、同じ遺伝暗号の並びが繰り返し連なっています。細胞が分裂するごとに、このテロメアは短くなっていくことが知られています。つまり、テロメアの長さは細胞の寿命《じゅみょう》の指標と考えられるのです。

英国の研究チームは、ドリーの細胞のテロメアを調べてみました。すると、テロメアの長さは6歳の羊の細胞と同じくらいに短くなっていたというのです。言い換えると、ドリーの細胞は生まれた時から、ドリーのもとになった6歳の羊のように老化していた可能性が出てきたのです。羊の寿命は11〜12歳と言われるので、6歳は中年です。

ただし、細胞の老化と個体の老化は同じではありません。しかも、他のクローン動物ではテロメアの長さが短いとは限らないこともわかりました。中には、クローンを作ったらテロメアが延びていた、というケースもあります。ですから、細胞の初期化とテロメアの長さとの関係は、解明されたわけではありません。

「ミトコンドリアのミスマッチ」という問題もあります。ミトコンドリアというのは、細胞の中にある小さな器官で、細胞のエネルギー作りに役立っています。この小器官は、ほとんどの遺伝情報が入っている細胞核の外側にあり、しかも、核とは別に独自の遺伝子を持っています。

　ミトコンドリアは卵子にもあって、核を取り除いた後にも残ります。クローン作りのためには、そこに別の細胞（もしくは細胞の核）を入れ込むわけですが、そこから誕生するクローン動物の細胞には、クローン作りに使った卵子のミトコンドリアが入り込むことになります。それが、何らかのトラブルを引き起こすのではないか、という懸念《けねん》があります。

　では、こうしたクローン人間の安全性がいずれ解決されたら、クローン人間作りに問題はなくなるのでしょうか。

クローン人間を作るのに男性は必要ない？

　ドリーが誕生した直後に、あるエッセイストから質問を受けたことがあります。

「クローン人間を作るのに、男は必要ないということでしょうか」。

　考えようによっては、そのとおりです。実際、ドリーの誕生に雄羊は関係していません。元になった細胞は雌の乳腺細胞ですし、核移植に必要な卵子も雌羊のもの、ドリーを妊娠・出産した代理母羊も当然のことながら雌です。雄の姿はどこにもありません。人間でも、女の子のクローンを作ろうと考える限り、男性は要りません。ただ、男の子のクローンを作る場合には、男性の細胞を使う必要があります。

いずれにしても、雌の卵子と雄の精子が受精するという有性生殖は必要ありません。クローン動物は大腸菌が分裂するのと同じように、無性生殖によって生まれるのです。でも、人間にせよ、サルにせよ、長い歴史を通じて有性生殖で子どもを作ってきました。それなのに、自然界ではありえない無性生殖で、人間を誕生させてもいいのでしょうか。白状すると、私は「男抜きで人間が増殖していく」という考えに、ちょっとだけ惹《ひ》かれました。仕事に追われて忙《いそが》しいときには、「自分のクローンがいたらいいのに」と思わないではありません。

それでも、「人間を無性生殖でどんどん増やしてもいいか」と問われたら、やっぱり躊躇《ちゅうちょ》します。自分が無性生殖で生まれた人間だったら、と考えると、きっと抵抗《ていこう》があると思うからです。

それでは、これまでの人類の歴史にないという以外に、無性生殖で生まれることに問題があるのか。それを考えるには、有性生殖の特徴を知る必要があります。

有性生殖では母親の卵子と父親の精子の持つ遺伝情報が組み合わさって子どもが生まれます。決して母親や父親の遺伝情報とそっくり同じ遺伝情報を持った子どもが生まれることはありません。それだけではありません。体の中で作られる卵子や精子は、どれひとつとして遺伝子構成が等しいものはありません。それは、体細胞から卵子や精子ができるときに、「遺伝的組み換え」と呼ばれる現象が起きて、母親と父親から受け継いだ染色体同士の間でランダムな組み換えが起きるからです。

言い換えると、どのような遺伝情報を持った卵子と、どのような遺伝情報を持った精子が受精するかは、予測のつかない偶然《ぐうぜん》に支配されていることになります。

ところが、無性生殖で生み出されるクローン人間は、あらかじめ遺伝子構成がわかっています。その同じ遺伝子構成を持った人間は、すでにこの世に存在するのです。

これは、「偶然性」という人間の本質に反することではないでしょうか。

クローン牛の場合、すぐれた性質の牛がいたら、同じ性質の牛をどんどんコピーしたいという願いが背景にあります。もし、優れた人間をクローン技術でどんどんコピーするということになったら、まるで人間の品種改良のようになってしまいます。

それだけではありません。クローン人間は「こんな人間を作り出したい」という誰かの意図に従って作るわけですから、人間を「道具」として扱《あつか》うことにも通じます。

こうした一連のことが、「人間の尊厳に反する」と判断され、日本でもクローン人間の作成が禁止されることになったのです。

クローン技術を規制する法律ができた

クローン人間作りなどを禁止する「クローン技術規制法」(正式にはヒトに関するクローン技術等の規制に関する法律)が施行されたのは、2001年6月のことです。

そこにいたるまでには、長い議論がありました。ドリー誕生が明らかになった直後に、旧科学技術会議がクローン人間作成にモラトリアムをかけ、生命倫理委員会を発足させました。科学技術会議は国の科学技術政策を方向づける組織で、1998年1月には、その下部組織として「クローン小委員会」が設置され、議論を重ねました。報告がまとまり、科学技術会議が承認したのが1999年の12月です。この報告に基《もと》づいて、「クローン技術規制法案」が2000年4月に国会に提出されましたが、一度廃案《はいあん》になり、10月に再提出されて12月に成立、という運びでした。

クローン技術規制法には、次のような特徴があります。

まず、「目的」のところには、「クローン技術などによって、クローン人間や、人か動物かわからないような生物を生み出すと、人の尊厳を侵害《しんがい》し、人の生命や身体の安全、社会秩序《ちつじょ》の維持《いじ》などに重大な影響《えいきょう》を与《あた》える恐れがあるので、これを禁止する」という意味のことが書かれています。

その目的に従って、クローン技術などによって作られる「特別な胚《はい》」として、9つの胚を定義しています。「ヒトクローン胚」「ヒト胚分割《ぶんかつ》胚」「ヒト胚核移植胚」「ヒト集合胚」「ヒト動物交雑胚」「ヒト性融合《せいゆうごう》胚」「ヒト性集合胚」「動物性融合胚」「動物性集合胚」で、全体を「特定胚」と呼びます（人間を生物学的にとらえる時に、カタカナで「ヒト」といいます。法律では、人とヒトが混じっていますが、ここでは「ヒト」で統一します）。

どんな胚だかすぐわかる人がいたらお目にかかりたい、と思えるほど、わかりにくい命名です。その中身も、とてもわかりにくいのですが、おおまかにいうと、それぞれ次のようになります。

・「ヒトクローン胚」　体細胞核移植で作るクローン人間作りの元となる胚
・「ヒト胚分割胚」　ヒトの胚を分割して作る胚
・「ヒト胚核移植胚」　ヒトの胚の細胞を、核を除いたヒトの卵子に核移植して作る胚
・「ヒト集合胚」　二人のヒトの細胞が入り交《ま》じった胚
・「ヒト動物交雑胚」　ヒトの卵子や精子と動物の卵子や精子を受精させた胚
・「ヒト性融合胚」　核を除いた動物の卵子にヒトの細胞を核移植した胚
・「動物性集合胚」　動物の胚にヒトの細胞を入れた胚
・「ヒト性集合胚」　ヒトの胚に動物の細胞を入れた胚
・「動物性融合胚」　核を除いたヒトの卵子に動物の細胞を核移植した胚

総合していえば、クローンやキメラ、ハイブリッドを禁止している、と考えることもできます。キメラというのは、ギリシア神話に出てくる生物で、ライオンの頭と山羊《やぎ》の

体、蛇《へび》のしっぽを持つ怪物《かいぶつ》です。転じて、生物学では異なる動物の細胞が混じり合った個体のことを言います。「ヒト集合胚」は異なる人同士の、「ヒト性集合胚」「動物性集合胚」は人と動物のキメラ胚です。ハイブリッドは異なる生物同士を掛け合わせた雑種のことで、「ヒト動物交雑胚」はハイブリッド胚です。

「ヒトクローン胚」「ヒト性融合胚」はヒトの体細胞クローンに、「ヒト胚分割胚」「ヒト胚核移植胚」はヒトの受精卵クローンにつながる胚です。「動物性融合胚」は動物のクローンにつながる胚ですが、ヒトの卵子を使うので、ヒトのミトコンドリア遺伝子が入ることになります。

法律は、これら9つの胚を作ること自体は禁止していません。禁止しているのは、「ヒトクローン胚」「ヒト動物交雑胚」「ヒト性融合胚」「ヒト性集合胚」の4つの胚の子宮への移植で、違反者《いはんしゃ》には「10年以下の懲役《ちょうえき》もしくは1000万円以下の罰金《ばっきん》」を科しています。

残る5つの胚の子宮への移植や、特定胚全体の作成・研究は、法律に基づく「特定胚指針」で規制され、文部科学大臣への届出制となりました。

つまり、特定胚を試験管の中で作って研究すること、受精卵クローン人間や、二人の人間の細胞が混じったキメラ人間、人間の細胞が混じったキメラ動物を作ることなどは法律そのものでは禁止せず、法律に基づく指針にゆだねられたのです。

2001年12月に施行されたこの指針は、すべての特定胚の子宮への移植を禁じると同時に、「動物性集合胚」を除く8つの胚の作成・研究も禁止しました。「動物性集合胚」を認めたのは、動物に人間の臓器を作らせる研究につながる可能性があるからでした。

とりあえず、作ってもいいのは動物性集合胚だけ、というところからスタートした日本の規制ですが、当時から「作ってもいいことにしたい」という意見の強い胚がありました。「ヒトクローン胚」です。

なぜ、ヒトクローン胚作りには賛否両論があるのか。それを知るには、胚性幹細胞《はいせいかん》(ES細胞)と、再生医療について知る必要があります。

ES細胞は夢の「万能細胞」か？

クローン羊の誕生が世界を驚かせた翌年の1998年、もうひとつのニュースが世界をかけめぐりました。米国のウィスコンシン大学のグループが「ヒトの胚性幹細胞（ES細胞）」の作成に成功した、と論文発表したのです。

ヒトのES細胞は、受精卵が分裂を繰り返して5日目～7日目ぐらいになったときに、中の細胞を取り出して作ります。それがなぜ注目を集めたかというと、ES細胞は、そこから望み通りの細胞を作り出せる能力を持つ「万能細胞」だと考えられるようになったからです。

ここでいう「万能細胞」は、専門的な言葉では「多能性幹細胞」とか「多分化能を持つ細胞」などと呼ばれます。多能性や多分化能とは、「さまざまな細胞に変化する能力」のことです。

多能性という言葉は聞いたことがないかもしれませんが、ドリーのところに出てきた「受精卵には全能性がある」という話を思い出してください。私たちの出発点は、たったひとつの受精卵です。受精卵はひとつの細胞です。この細胞が分裂を繰り返し、やがて一人の人間になります。

人間は筋肉や皮膚や血液や神経、それにさまざまな臓器でできています。女性なら卵子、男性なら精子も持っています。こうした人間を構成するさまざまな細胞は、たったひとつの受精卵から生じます。つまり、受精卵にはあらゆる細胞に変化できる「全能性」があります。

見方を変えると、受精卵はまだ「役割」が決まっていない細胞ということになります。役割が決まっていない受精卵から、皮膚や筋肉など役割の決まった細胞ができていくことを「分化」と呼びます。

それでは多能性とは何かというと、「あらゆる」細胞になれるかどうかはともかく、さまざまな細胞に分化できる能力のことです。

ヒトのES細胞にはこの多能性があります。しかも、試験管の中でほぼ無限に増やすことができます。このため、「再生医療の切り札になるのではないか」と期待されてきました。再生医療とは、怪我や病気で傷ついたり失ったりした細胞や臓器を修復する医療のことです。

たとえば、アルツハイマー病の患者さんの脳では神経の細胞が壊れていきます。この神経細胞をES細胞から作って移植することができれば、治療につながるかもしれません。そのための移植用の細胞がES細胞から作成できないだろうか。再生医療の研究者はそう考えていきます。

アルツハイマー病だけではありません。米国の男優でクリストファー・リーブさんという人がいました。リーブさんはスーパーマンを演じていたのですが、ある日、落馬して脊髄《せきずい》を損傷し、車椅子《くるまいす》での生活になってしまいました。そのリーブさんが期待をかけたのがES細胞でした。ES細胞から脊髄の神経細胞を作って移植することで、体の麻《ま》痺《ひ》を治せるようになれば、と考えたのです。

受精卵を壊してもいいか

このように、期待を担うES細胞ですが、いくつか問題があります。倫理的な観点からみた最大の問題は、「ES細胞を作るためであっても、人間の受精卵を壊すことは許されない」という考え方があることです。

この考えを強く主張しているのは、カトリックの信者たちです。カトリックの教義では「人間の命は受精の瞬間《しゅんかん》に生じる」と考えます。ですから、受精卵は人間の命そのものので、これを壊すことは殺人にも等しいということになります。当然、カトリックの総本山であるバチカンもヒトES細胞作りに反対しています。

宗教的な背景が違う日本ではピンとこないかもしれませんが、米国ではヒトES細胞作成の是非が、大統領選の争点にさえなりました。

ブッシュ大統領はカトリックではありませんが、熱心なキリスト教の信者です。彼を支持する人たちには保守的なキリスト教の信者が多く、人間の受精卵を壊すことに反対しています。ですから、米国ではヒトの受精卵を壊してES細胞を作成する研究に、国の資金を出すことはできません。

2006年7月には、米国議会の下院と上院がES細胞の研究を促進《そくしん》する法案を賛成多数で可決しましたが、ブッシュ大統領はこれに拒否権を発動しました。2007年にも再び拒否権を発動しています。ブッシュ大統領の「絶対譲《ゆず》れない」という姿勢がわかります。

日本ではどうかというと、ヒトＥＳ細胞の作成は２００１年9月に施行された国の指針で認められていますが、非常に厳しい条件がついています。認められているのは研究目的での作成であって、実際に患者さんの治療に使うことはまだできません。

指針はまず、ヒトの胚は「人の生命の萌芽《ほうが》である」という考えを示しています。これは、カトリックが考えるように「人の生命そのもの」ではないが、普通の細胞とも違う、という考え方です。だから「人の尊厳を侵《おか》すことのないよう、誠実《せいじつ》かつ慎重《しんちょう》に扱う」と規定しています。

では、ＥＳ細胞を作るための受精卵はどこから手に入れるのか。ＥＳ細胞作りのために、卵子と精子をもらってきて、受精させるということは技術的には可能です。でも、わざわざ受精卵を作って、それを壊すということは、カトリックでなくても認められそうにありません。

そこで、日本の指針は、生殖補助医療で余った「余剰胚《よじょうはい》」を使うことだけを認めました。１章でも述べたように生殖補助医療では不妊治療の一環として体外受精が行われます。本来の目的は体外受精した受精卵を子宮に戻し、子どもをもうけることです。

でも、一度の体外受精で5個も6個も受精卵ができることがあります。子宮に戻すことができる受精卵は最大3個というルールがあるので（2個以下にする議論も進んでいます）、多くの場合、残りは凍結保存しておきます。その状態で子どもができたら、残った凍結受精卵はもう使わないというカップルもいるでしょう。これが「余剰胚」です。

もちろん、余っているからといって、自由にES細胞作りに使っていいはずはありません。受精卵の「持ち主」であるカップルが、本当に自発的に「研究に使ってもいい」と同意した時に限ります。

また、ES細胞を作成する研究機関は研究の実績や技術能力がなくてはなりません。受精卵を提供する医療機関も、ES細胞を作る研究機関も、施設内に倫理委員会を設けて審査《しんさ》する必要があります。倫理委員会というのは、人間を対象とする研究や、特別な医療を実施する時に、被験者《ひけんしゃ》や患者の権利が守られているか、利益が危険性を上回るか、といったことを審査する機関です。通常、大学の医学部や病院などに設けられますが、公平を保つために、外部の人を委員に加えることが求められます。

ＥＳ細胞の研究計画は、施設内の倫理委員会だけでなく、国の審査も受けなくてはなりません。

京都大学再生医科学研究所の中辻憲夫《なかつじのりお》教授のグループは、この条件をクリアし、２００３年の11月までに３株のヒトＥＳ細胞の作成に成功しました。これらのＥＳ細胞は安定して増殖し、２００４年３月からは国内の研究者への細胞の分配が始まりました。

ヒトクローン胚作成に対する賛否両論

もちろん、ＥＳ細胞ができたからといって、すぐに再生医療に結びつくわけではありません。ここから望みの細胞や臓器を作ることは簡単ではないからです。特に臓器はめどが立っていません。では、望みの細胞や臓器ができるようになれば、すぐに実用化できるかといえば、これまたそうはいきません。ひとつのハードルとして考えられるのが「拒絶反応」です。

ＥＳ細胞のもとは受精卵ですから、ＥＳ細胞からつくった細胞や臓器は、その受精卵から育つはずだった人の細胞や臓器と同じです。これを他人に移植すれば、多かれ少なかれ拒絶反応が出るでしょう。

その解決方法として注目されるのがクローン胚です。自分の細胞でクローン胚を作り、そこからES細胞を作れば、もとが自分の細胞なのですから拒絶反応は起きないだろう、という発想です。

ヒトクローン胚の作成・研究については、日本の科学技術政策の方針を決める総合科学技術会議の下に設けられた生命倫理専門調査会が、2001年8月から3年かけて検《けん》討《とう》し、2004年7月に条件付きで認める報告をまとめています。ところが、この調査会は最後まで大混乱する事態に陥《おちい》りました。

そもそも、この調査会が作られた背景には、クローン規制法の附則《ふそく》があります。附則は「法律の施行から3年以内に、ヒトの胚の取り扱いについて総合科学技術会議等で検討し、クローン技術を取り巻く状況《じょうきょう》を勘案《かんあん》し、法律の規定を検討する」という趣旨《しゅし》のことを定めています。

それというのも、クローン技術規制法にいたる議論の過程で、「日本ではヒトの胚の位置づけが、これまで国レベルできちんと検討されてこなかった」ということが、繰り返し問題になったからです。

ですから、調査会は「ヒト胚全般の位置づけや取り扱い」を検討する場だったわけですが、最終的には「ヒトクローン胚を作ってもいいか」「ヒトの胚を研究目的で作ってもいいか」という2点に議論が集約されてしまいました。

そして、ヒトクローン胚作成の是非《ぜひ》については、最後まで「推進派」と「反対・慎重《しんちょう》派」の間で意見が割れ、最後は「多数決」で推進派の意見が通るという異例の結末となったのです。生命倫理の問題を多数決で決めるということは、ふつうはありません。

推進派の意見は要約すると次のようになります。

ヒトクローン胚を研究することが、難病患者を救うことにつながる可能性がある以上、再生医療を待ち望む人の声に応《こた》えるべきだ。動物実験だけではわからないことがあり、人間で研究することが欠かせない。それに、日本がぐずぐずしていると、世界の中で取り残される。患者を早く救済するという点でも、認めるべきだ。

一方、反対・慎重派の意見は次のように要約できます。

ヒトクローン胚の作成はそれ自体が倫理的問題をはらんでいる。それなのに、本当にクローン胚が再生医療につながるのか、動物実験の段階で科学的な根拠が示されていない。動物と人間は違うといっても、基本的原理は変わらない。クローン胚作成に対する一般の人の理解も得られていない。ヒトクローン胚作りに必要な卵子の使用に伴う倫理問題も十分検討されていない。

実は、ＥＳ細胞以外にも、いくつかの種類の細胞に分化できる細胞があります。「体性幹細胞」と呼ばれる細胞です。受精卵から作るのではなく、体の中に含まれています。たとえば、造血幹細胞は、白血球や赤血球などさまざまな血液細胞に分化することができます。神経幹細胞や肝臓の幹細胞も発見されました。クローン胚やＥＳ細胞を作る代わりに、こうした細胞の有効利用を考えた方が倫理問題が少ない、という主張もあります。ただ、こうした細胞もまた、実際の再生医療にどこまで役立つかは未知数です。

結局、「患者の救済の可能性」が重視され、ヒトクローン胚は解禁されることになりました。そして、研究を行う際の具体的な指針は文部科学省に「丸投げ」された形になったのです。

必要な卵子はだれが提供するのか

ヒトクローン胚の指針を検討しているのは文部科学省の審議会に設けられた作業部会です。ここで議論になったテーマに「無償《むしょう》ボランティアから卵子を提供してもらうことを認めるか」というのがあります。

前にも述べたように、人のクローン胚を作ろうと思ったら、女性の卵子がたくさん必要になります。それをどうやって入手するのかは大きな問題です。

生命倫理専門調査会の議論では、無償ボランティアからの卵子の採取は、原則として認めていません。肉体的にも精神的にも女性に負担が重く、女性を卵子提供の手段として使うことになるという心配があるからです。かわりに、生殖補助医療の目的で採取されながら使われなかった卵子や、精子と体外受精しようと試みたものの受精しなかった卵子、不要になった凍結卵子、手術で摘出された卵巣《らんそう》などが入手先として示されています。

ところが、文科省の作業部会では、「無償のボランティアも認めてはどうか」という議論が浮上《ふじょう》しました。それというのも、他の方法で得られる卵子は、質や量の点で、クローン胚作りには向かないことがわかってきたからです。

そこに降って湧《わ》いたのが、韓国《かんこく》ソウル大学のヒトクローン胚研究にからむ卵子売買疑惑やねつ造の事件でした。

「ヒトクローン胚のねつ造」事件と倫理

ソウル大学の黄禹錫《ファンウソク》教授の名前を一躍《いちやく》有名にしたのは、2004年3月に米「サイエンス」誌に発表された論文です。ヒトのクローン胚からES細胞を樹立した世界初の成果として、日本のメディアも大きく取り上げました。2005年5月には、難病患者のクローン胚から11株のES細胞を樹立したと論文発表しています。これらの成果を通じて黄教授は韓国の国民的英雄《えいゆう》と祭り上げられ、「自然科学分野で韓国に初のノーベル賞を」という呼び声が高まったのです。

ところが、これらの論文はねつ造だったことがわかり、大騒ぎになりました。それだけでなく、卵子の提供を受けるときに、その対価として金銭を支払《しはら》ったり、不妊治療費を減額していたことがわかったのです。

韓国は2005年1月に施行された「生命倫理および安全に関する法律」で、卵子売買を禁じています。黄教授が法律違反に問われたのは、法施行以降に行った卵子のやり取りですが、その前のやりとりも倫理的には問題があったとみなされています。

また、金銭授受以外にも問題がありました。黄教授が研究室で働く女性の大学院生から、卵子の提供を受けたという問題です。当初、黄教授は否定していましたが、後に、事実だったとわかります。

なぜこれが問題かというと、大学院生は研究室の中では弱い立場にあるからです。教授から「卵子が足りないから提供してほしい」と言われたり、ほのめかされたりしたら、それを圧力に感じて、本当は提供したくないのに提供してしまう恐れがあります。これは「卵子の提供は自由意志によるべきだ」という倫理原則に反するという考え方があるのです。

黄教授は国内の4病院で計122人の女性から2236個もの卵子提供を受けていたといいます。これは、欧米《おうべい》や日本の感覚からは、信じられないほどの多さです。

また、卵子提供者の中には、家族に難病患者がいる人がたくさんいたようです。これもまた、「患者を救うために研究に協力を」という、ある種の圧力があったと考えてもおかしくないでしょう。善意だけに基づく無償ボランティアの難しさが浮《う》き彫《ぼ》りになったケースです。

結局、日本の指針は、当面無償のボランティアは認めない方向で議論が進められています。認めようとしているのは、生殖補助医療の目的で採取されながら使われなかった卵子や、体外受精しようと試みたものの受精しなかった卵子など、主として生命倫理専門調査会が示した卵子です。前に述べたように、これらはクローン胚作りには適していません。

また、ヒトクローン胚作りができるのは、余剰胚からのヒトES細胞作りなどで実績のある機関に限る、という限定条件も付く見通しです。この基準に当てはまるのは、京大の再生医科学研究所だけです。

ところが、再生研の中辻憲夫所長は、「ヒトクローン胚作りには着手しない」と明言しています。理由はいくつかありますが、ひとつには卵子入手に伴う倫理問題を解消するのが難しいからのようです。

こうしてみると、倫理問題がいかに研究の方向に影響を与えるかがよくわかります。ですから、2006年8月に京都大学の山中伸弥《しんや》教授のグループが発表した研究が国際的な反響を巻き起こしたのも当然です。内容は「卵子も受精卵も使わずに、マウスの皮膚細胞から万能細胞を作ることに成功した」というものでした。ニュースを聞いた時には、思わず「えっ、それじゃあ、これまで何年も議論してきた倫理問題はチャラ?」と口走ってしまいそうになりました。

この研究は、まだ初歩段階で、実用化に結びつくまでにはいくつもハードルがありそうです。それでも、倫理問題を回避《かいひ》できるならその方がいいと思うのは私だけではないようで、世界から注目されています。ただ、皮膚《ひふ》のような体細胞から神経や卵子、精子までできる可能性があるとすると、それはそれで倫理問題が浮上《ふじょう》するかもしれません。

ヒトの胚を研究に使うことの問題点

ヒトクローン胚論議と並んで、生命倫理専門調査会で議論になったのは、ヒトの胚の研究利用でした。

ヒトの胚を使った研究については、これまで、日本産科婦人科学会が一定の条件の下で認めてきました。生殖医学発展の基礎《きそ》研究や、不妊治療の進歩に貢献《こうけん》するための研究に限って、提供者の承諾《しょうだく》を得た上で、精子や卵子、受精卵（胚）を研究に使うことができるという取り決めです。

また、胚を研究に使えるのは受精から2週間以内と規定されています。ヒトの胚は受精から2週間以降に臓器の分化が始まるから、というのがその理由です。つまり、ヒトとしての発育を始めるのは神経系を含む臓器の分化が始まってから、という考えに基づいています。

でも、これは専門家集団の自主規制であって、国レベルで話し合われたものではありません。しかも、研究目的で新たにヒトの胚を作ることを認めているのかどうかも、文面ではははっきりしません。

生命倫理専門調査会は、ヒトの胚を「人の生命の萌芽」と位置づけた上で、「研究に使うために新たにヒト胚を作成しないこと」を原則としました。その一方で、例外も認める、と結論づけています。

例外として認めたのは、生殖補助医療の研究を目的とするヒト胚の作成・利用です。認めた理由は、「これまで生殖補助医療技術の向上に貢献しており、今後も、生殖補助医療技術の維持や生殖補助医療の安全性確保に必要と考えられるから」という趣旨です。でも、わざわざ胚を作らなければ研究できないのかどうかは、人々が納得《なっとく》できる形で示されていません。

卵子を「若返らせる」技術がある？

「卵子も老化する」なんていわれると、「失礼な」と言いたくなりますが、本当のことです。女性の卵子の「モト」は、生まれた時にはすでに一生分ができています。それが徐々に成熟して、思春期になると順番に排卵《はいらん》を始めます。ですから、30代も後半を過ぎると、順番待ちをしていた卵子は年をとって、だんだん受精・着床しにくくなっていくのです。

卵子の老化が影響を及《およ》ぼすのは自然妊娠だけではありません。不妊治療の一環として体外受精をしている人も、卵子が年をとると受精や着床の成功率が下がります。核移植技術は、その解決方法としても使えると考えられています。

卵子の老化の原因は、卵子の核ではなく、細胞質にあるようです。ですから、老化した卵子の細胞質を、若い卵子の細胞質と取り替えれば、卵子が若返るということになります。

卵子の若返りには、若い卵子の細胞質を老化した卵子に注入するという方法もあります。核移植技術を使う場合には、若い卵子の核を取り除き、そこに老化した卵子の核を入れるということになります。その結果、卵子の持つ遺伝情報はそのままに、細胞質が若返ることになります。

でも、そうやってどこまでも卵子を若返らせてもいいのか、「若い卵子」をそのために壊し続けてもいいのか、という疑問は残ります。

卵子の老化は、身体全体の老化と歩調を合わせているはずです。子どもを産んで育てるのに適した年齢《ねんれい》というのがあるはず、と思うのは、古くさい考えなのでしょうか。

卵子を操作すれば、遺伝病も予防できるが……

卵子の若返りと同じ技術を使って、遺伝性疾患《しっかん》を子どもに伝えないようにする、という発想もあります。対象となるのはミトコンドリア病と呼ばれる病気です。

ミトコンドリアは、クローンの異常のところでも述べたように、細胞質にある小さな器官で、核の中にある遺伝子とは別に、独自の遺伝子を持っています。この遺伝子が故障すると、さまざまな病気にかかります。

ミトコンドリアの不思議な特徴のひとつに、「母系遺伝する」というのがあります。ミトコンドリアは母親から子どもに伝えられ、父親からは伝わらないのです（この現象を利用して、人類の祖先がアフリカにいたことを示したのが「ミトコンドリア・イブ」仮説です）。

ですから、ミトコンドリアの異常も、母から子へと伝わります。この遺伝を防ぐために、核移植の技術を使って卵子のミトコンドリアを正常なものと取り替えてしまえばいい、という発想が出てきます。

正常な卵子を用意して、そこから核を取り除き、ミトコンドリア病の患者さんの卵子の核を移植するのです。そうすると、核は患者さんのもので、その周囲のミトコンドリアが正常なものと入れ替わるので、これを体外受精して子どもを作れば、遺伝性疾患は伝わらない、という仕組みです。

これも、ミトコンドリア病の女性にとっては、気になる方法だと思います。一方で、卵子の入手には倫理問題があるでしょう。さらに、卵子をどこまで操作してもいいか、という問題も浮上します。

統一的なルール作りを

この章では、クローン技術や幹細胞、再生医療などについてお話ししてきました。そこで、ちょっと1章を思い出してください。別々の話のようでいて、生殖医療と、クローン技術やES細胞の技術には、共通点があることに気づいたのではないでしょうか。

クローン技術も子どもを生み出す技術ですし、卵子も必要となります。ＥＳ細胞には受精卵が必要です。では、これらの技術に使われる卵子や受精卵は、生殖医療に使われる卵子や受精卵と違うのでしょうか？

そんなはずはありません。どんな目的で使われるにせよ、卵子は卵子、受精卵は受精卵です。同じ女性の卵子が、生殖医療の現場では不妊の夫婦に提供され、再生医療研究の現場ではクローン胚作りに使われるということになります。にもかかわらず、日本のルール作りは、卵子を再生医療の研究に使う場合は文部科学省、生殖医療に使う場合は厚生労働省、というように目的別にばらばらに進められています。

生殖医療も、クローン技術も、ＥＳ細胞も、卵子や受精卵を体外で扱えるようになった結果、可能になった技術です。そのことを忘れず、統一的なルールを作る必要があるのではないでしょうか。

3章　私たちの設計図をひもとく――遺伝子

20世紀を代表する生物学者に、ジェイムズ・ワトソンとフランシス・クリックがいます。1950年代にDNAの二重らせん構造を発見した科学界のトップスターです。DNAは遺伝子を構成している分子です。DNAの構造がわかっていなければ、現代の生命科学は成立していなかったはずです。2人が偉大な科学者であることは間違《まちが》いありません。

といっても「まじめ一筋のお堅《かた》い科学者」とは違います。むしろ、どちらも「変人」と言いたくなるような個性豊かな人たちです。日本でDNAの研究をいち早く始めた渡《わた》辺格《なべいたる》博士は、ワトソンと会った後に「あなたも変わり者だが、ワトソンのような天才には太刀打《たちう》ちできない」と妻から言われたそうです。この時、ワトソンは右と左で柄《がら》の違う靴下《くつした》をはいていて、気にもとめていなかったからです。ワトソンは最近、自分の全遺伝情報を解読し、結果をデータベースに公表するという大胆《だいたん》なプロジェクトにも協力

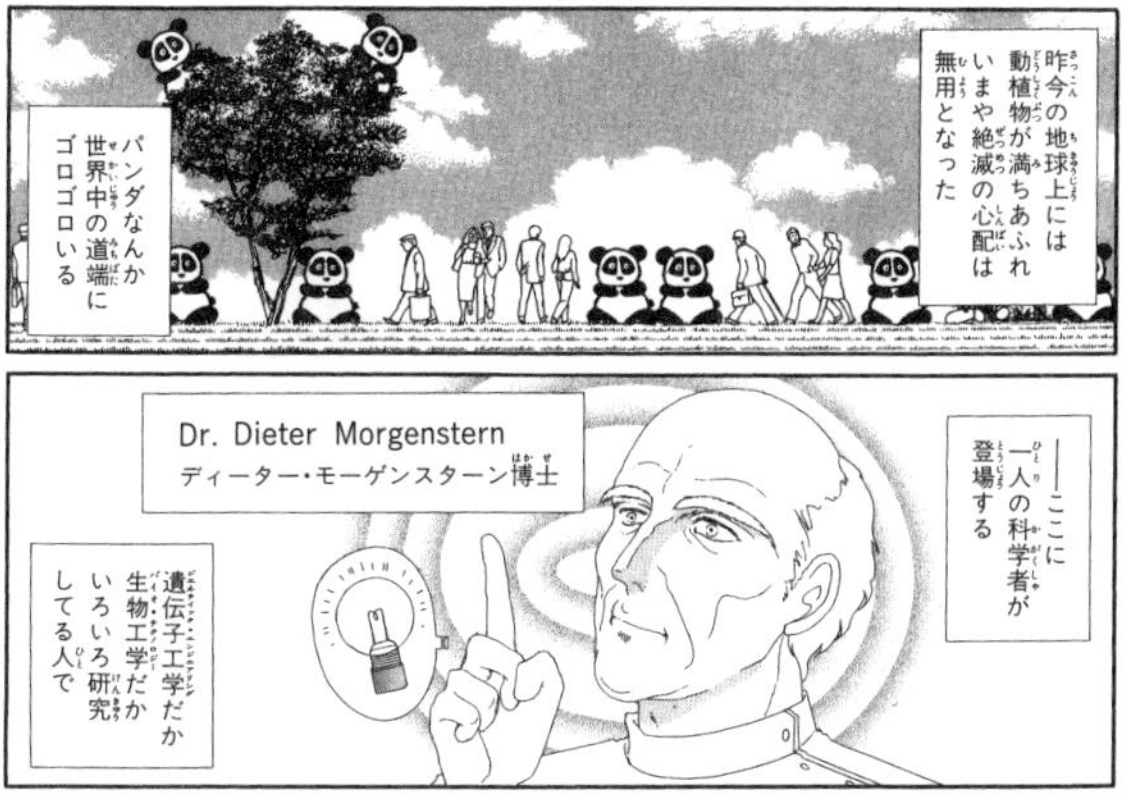

川原泉《いずみ》さんのコミック『ブレーメンII』は、24世紀の宇宙船を舞台《ぶたい》にしたちょっと笑える物語です。20世紀末に表面化した少子化で、宇宙は深刻な人手不足。それを解決する切り札として、遺伝子工学だか生物工学だかを専門とする科学者が開発したのは？　そう、表題から想像されるように、働く動物たちでした。女性船長率いる宇宙船の乗組員は人間のように歩いて話す動物です。こうした動物を遺伝子工学や生物工学で作り出すことは、現実には不可能でしょう。一方、人間と動物が多くの遺伝子を共有していることもわかってきています。

しています（その後、黒人を差別するような発言で物議をかもしましたが、これはいただけません）。

かたやクリックは、研究テーマをDNAから「意識研究」に変更《へんこう》し、亡《な》くなるまで「意識」や「心」「魂《たましい》」といった、ちょっと「怪《あや》しい」テーマに挑戦《ちょうせん》しました。

そうした話は、二人の著作を読んでいただくとして、ここではまず、遺伝子の基礎《きそ》についておさらいし、それからワトソンと「ヒトゲノム計画」の話を紹介《しょうかい》します。というのも、遺伝子の倫理を考える時に、ワトソンとゲノム計画の話は避《さ》けて通れない話題だからです。

DNAと遺伝子とゲノム、どう違う？

人間は約60兆個の細胞《さいぼう》でできているといわれます。一つ一つの細胞を拡大《かくだい》してみると、中心に核《かく》があって、その中に46本の染色体《せんしょくたい》が入っています。46本の染色体は2本ずつペア（対《つい》）をなしています。ペアの片方は母親から、もう片方は父親から受《う》け継《つ》いだものです。23対（46本）の染色体のうち、22対（44本）は常染色体と呼ばれ、女性でも男性でも基本は同じです。残る1対（2本）は性染色体と呼ばれ、女性だとXX、男性だとXYとなります。

染色体の正体はDNAが畳《たた》み込《こ》まれたものです。DNAはデオキシリボ核酸の頭文字《かしらもじ》をとったもので、2本の鎖状《くさりじょう》の分子がからみあった二重らせん構造をしています（この構造を突《つ》き止《と》めたのが、ワトソンとクリックです）。核の外側にあるミトコンドリアも小さなDNAを持っています。

二重らせんの模型を前にする若き日のクリック（右）とワトソン（写真提供：PPS通信社）

生物の「設計図」ともいえる遺伝情報は、DNAに「核酸塩基」と呼ばれる分子の暗号で書き込まれています。DNAと聞くと反射的に遺伝子と思う人が多いと思いますが、完全に同じではありません。遺伝子は主としてたんぱく質に翻訳《ほんやく》されるDNAを指しますが、DNAには遺伝子とはいえない部分も含《ふく》まれています。何の役に立つのかよくわからない部分もあります。そうした、よくわからない部分まで含めて、DNAは親から子へと受《う》け渡《わた》されます。

人間はたった一つの受精卵《じゅせいらん》から出発して、一人の人間に育ちます。ですから、受精卵の中には、人間を作るために必要なすべての情報が入っているはずです。つまり、23対の染色体とミトコンドリアDNAに含まれている情報は、人間を作るための「設計図」や「レシピ」のようなものです。これを人間（ヒト）の「ゲノム」と呼びます。

染色体の種類で考えると、22種類の常染色体とX、Yですから、ぜんぶで24種類の染色体とミトコンドリアが担《にな》う遺伝情報が「ヒトゲノム」ということになります。「ゲノム」は英語で「Genome」と書きます。昔からあった言葉ではなく、「gene」（遺伝子）と「chromosome」（染色体）をつなげた造語といわれます。

「ヒトゲノム計画」は、人間の細胞の中にある1セット分の遺伝情報を解読する試みでした。ヒトゲノム計画について、「人間の設計図を解読する」とか「人間を作るためのレシピを解読する」といった言い方がされたのはこのためです。

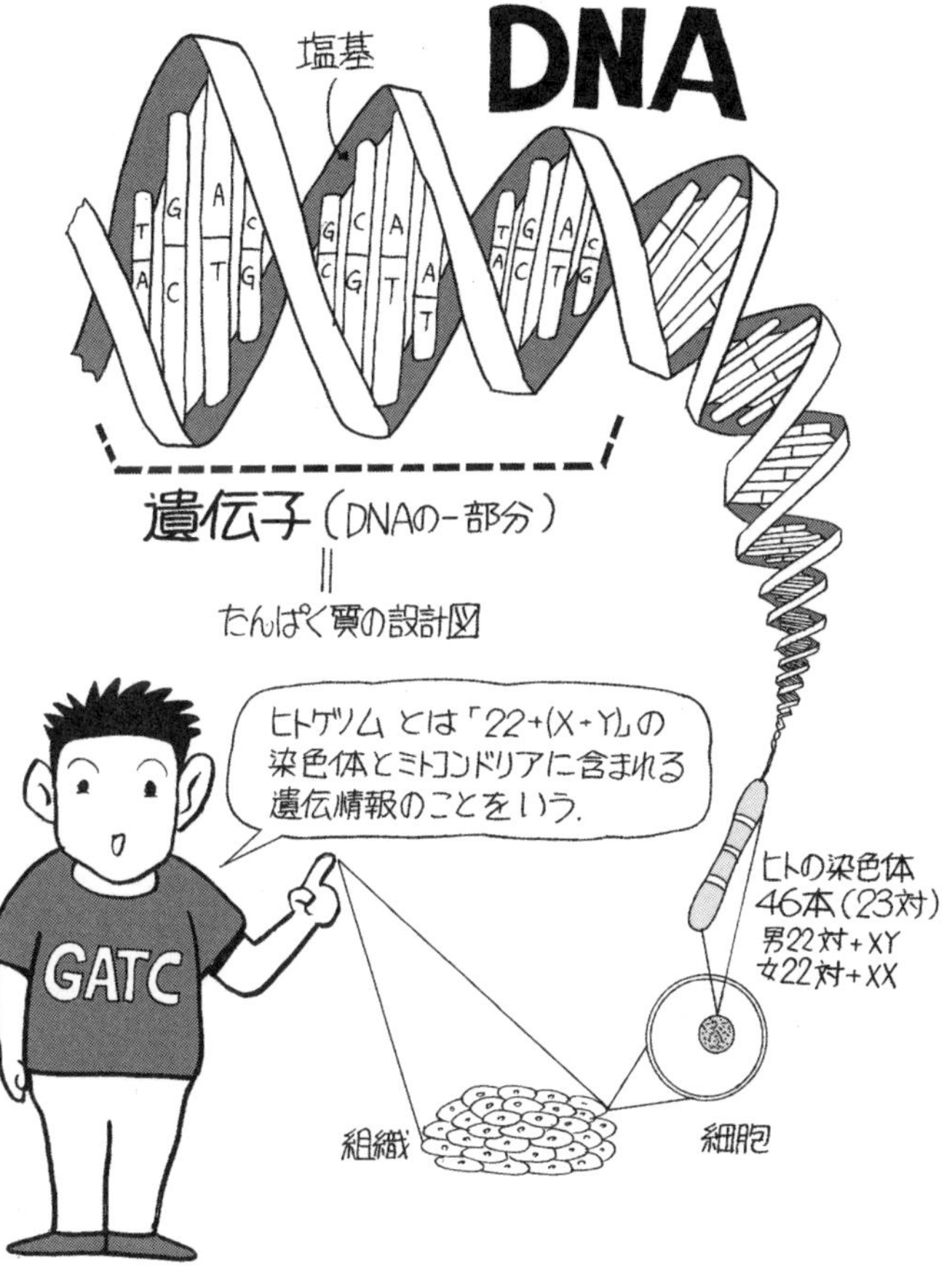
DNA
塩基
T
A
G
C
A
T
C
G
G
C
C
G
A
T
A
T
T
A
G
C
A
T
C
G
遺伝子（DNAの一部分）
||
たんぱく質の設計図
ヒトゲノムとは「22+(X+Y)」の
染色体とミトコンドリアに含まれる
遺伝情報のことをいう.
ヒトの染色体
46本（23対）
男22対+XY
女22対+XX
GATC
組織
細胞

ヒトゲノム解読は、生物学・医学のツール作りだった

では、ゲノム計画は実際に、人間の設計図を明らかにしたのでしょうか？

ヒトゲノムの解読終了が大きな話題になったのは、2000年6月の「概要版《がいようばん》」の解読終了でした。「完全版」を待たずに公表された背景にはヒトゲノム計画をめぐる激しい競争があります。ヒトゲノムの解読は当初、公的な機関が公的な資金で行う「国際ヒトゲノム計画」として進められていました。そこへ、国の研究所を飛び出してベンチャー企業《きぎょう》を作ったクレイグ・ベンターが「国際チームより早く解読を終えてみせる」と宣言し、追い上げにかかったのです。

そこで、米国のクリントン大統領や英国のブレア首相が乗り出して「政治決着」をつけたのが、「概要版」の解読終了を国際チームとベンチャー企業が共同で宣言する儀式《ぎしき》でした。当時、私はたまたま英国に滞在《たいざい》していて、ロンドンで開かれたウェルカムトラストの記者会見にでかけました。ウェルカムトラストは英国のゲノム解読に多額の資金を提供した医学基金です。午後には「ナンバー10」（首相官邸《かんてい》）でブレア首相の記者会

ホワイトハウスでヒトゲノム概要版解読終了を共同発表する（左から）クレイグ・ベンターとクリントン大統領、フランシス・コリンズ（2000年６月26日撮影、写真提供：ロイター＝共同）

見があると知って、潜《もぐ》り込《こ》もうとしたのですが、失敗しました。情報をつかむのが遅《おく》れたためです。

それはともかく、この時は、ロンドンのブレア首相と、米国ワシントンのクリントン大統領をテレビ電話で結んで、「ヒトゲノム概要版の解読終了」が世界にアピールされました（いくつかの事情で、日本はこの儀式に参加しそこないました）。クリントン大統領は、「私たちは、神が生命を創造するのに使った言語を解明しつつある。ゲノム科学は、病気の診断《しんだん》や予防、治療《ちりょう》に革命をもたらす」と高らかに謳《うた》い上《あ》げました。ブレア首相も「21世紀の偉《い》大《だい》な技術の勝利」と絶賛しました。

ヒトゲノムの完全版の解読は2003年4月でした。ベンターが追い上げたことに加え、解読技術も進んだため、初めの見通しより数年早い終了でした。この時、ワトソンの後を継いで米国のゲノム計画を率いてきたフランシス・コリンズは、「ヒトゲノム計画は、私たち自身のインストラクション・ブック（指示書）であるDNAを理解する壮《そう》大《だい》な冒険《ぼうけん》だった」と語っています。

確かに、ヒトゲノム計画は冒険でした。でも、これで人間のすべてがわかったわけではありません。それどころか、研究が進めば進むほど新たな発見が出てくる気がします。

計画の成果を一言でいえば、「ヒトゲノムを構成する約30億の遺伝暗号文字の並びを、端《はし》からすべて書き下して、コンピュータに収めた」となります。もちろん、重要な成果ではありますが、暗号文字の並びをただ眺《なが》めているだけでは何もわかりません。

現在は、ゲノム計画で得られた情報を元に、ゲノム計画以降（ポスト・ゲノムと呼ばれます）の研究がさまざまな視点から進められています。遺伝子と病気の関係を突き止めたり、遺伝子の機能を調べたりする研究、特定の細胞で特定の遺伝子がタイミング良く働く仕組みなどが重要なテーマです。

ヒトゲノム計画では意外なこともわかりました。以前は、人間の遺伝子は10万個ぐらいあると思われていました（中には、もっと少ないと考えた人も、もっと多いと考える人もいて、科学者の間では「賭《かけ》」がなされたほどです）。既《すで》に解読が終わっていた線虫という小さな虫や、果物などにたかるショウジョウバエの遺伝子の数が1万数千から2万個と考えられていましたから、人間はその何倍かあると予想するのは当然でした。

ところが、ヒトゲノム計画が終わった時点で人間の遺伝子の数は3万数千とされ、さらにその後の研究で2万数千しかないことがわかりました。複雑そうに見える人間も、遺伝子レベルでは虫やハエと同程度かとがっかりした人もいるでしょう。人間とチンパンジーのゲノムを比較《ひかく》した結果も、DNAの99％近くが共通だといわれてきました。そんなに似ているのかと思うと驚《おどろ》きです。

でも、問題は遺伝子の数ではないことがわかってきました。以前は、ひとつの遺伝子の情報を元に、ひとつのたんぱく質ができると考えられていました。ところが、ひとつの遺伝子から複数のたんぱく質ができる仕組みがあったのです。体の中で実際に働くのはたんぱく質ですから、人間の複雑さにはたんぱく質の複雑さがかかわっているはずです。また、たんぱく質を作る情報を担っていなくても、遺伝子のコントロールなどに重要な役割を担う部分がヒトゲノムにはあることがわかってきました。たんぱく質に翻訳されないRNAが重要な役割を担っていることも明らかになってきています。

ヒトゲノム計画は人間の設計図の解読というよりも、生物学をさらに極《きわ》めるための「ツール」作りだったという気がします。

ヒトゲノム解読の倫理的・法的・社会的課題

ヒトゲノム計画のアイデアを最初に思いついたのが誰《だれ》かについては、諸説があります。複数の科学者の名前が引き合いに出されますが、ロボット技術を使ってヒトゲノムを自動解析《かいせき》しようと具体的提案をしたのは日本の和田昭允《わだあきよし》博士でした。ヒトゲノム計画の出発には日本人も深く関《かか》わっていたのです。

ただ、実際にヒトゲノム計画をいち早くスタートさせたのはアメリカでした。そして、計画の重要な推進役となったのが、二重らせんのワトソン博士です。この時、ワトソン博士は、もうひとつ重要な発案をしました。「ヒトゲノム計画にかける国家予算の3％～5％を、その成果がもたらす倫理的・法的・社会的課題の研究に費やそう」と提案したのです。この提案は米政府によって実行に移され、ゲノムの倫理問題を考えるひとつのモデルケースとなっていきます。

ヒトゲノム計画の倫理的・法的・社会的課題（Ethical, Leagal and Social Implications）は、英語の頭文字をとってヒトゲノムの「ＥＬＳＩ」（エルシー）と呼ばれるようになりました。ＥＬＳＩプログラムが扱《あつか》ってきた研究対象は、遺伝子差別の防止やプライバシーの保護など多岐《たき》にわたります。ＥＬＳＩプログラムの必要性は、国際的にも注目されています。

ここでは、ヒトゲノムのＥＬＳＩを3つの分野について整理して考えてみます。

第1に、ひとつひとつの遺伝子がどのような働きを持っているか、病気などとの関係を調べる「遺伝子解析研究」。

第2に、個人個人がどのような特徴《とくちょう》のある遺伝子を持っているかを調べる「遺伝子診断」や「遺伝子検査」。

第3に遺伝子そのものを操作する「遺伝子改変」です。

物事の順序からいうと、まず「研究」で遺伝子を突き止め、次にこの遺伝子を使って「診断」となるわけですが、ここでは「診断」の方から先にお話しします。というのも、遺伝子診断はヒトゲノム計画が始まる前から一部の病気について実施《じっし》され、倫理問題も検討《けんとう》されてきたからです。また、遺伝子診断には感染症《かんせんしょう》の診断やがん細胞の特徴を調べるものもありますが、ここでは、主として親から子に伝わる遺伝子の特徴を調べる診断を考えます。

遺伝子診断で予測可能な病気とは

米国の歴史学者、アリス・ウェクスラーさんの講演を聞きにいったのは2003年の冬のことです。アリスさんが書いた『ウェクスラー家の選択《せんたく》』というタイトルの本の日本語訳が出版されたところでした。ウェクスラー家の話は、遺伝子診断の倫理について考える時に避けて通れません。遺伝子診断によって初めて可能になった「発症《はっしょう》前診断」と深くかかわっているからです。

今は健康で何の問題もなくても、遺伝子診断を行うと、将来、病気にかかるとわかることがあります。これが「発症前診断」です。診断の対象となる典型的な病気にハンチントン病という遺伝性疾患《しっかん》があります。多くが40代を越《こ》える中年期に発病する神経の難病で、全身が自分の意志に反して動くようになり、感情のコントロールや普通の会話ができなくなり、やがて寝たきりになってしまいます。今のところ治療法がありません。原因となる遺伝子はすでにわかっていて、遺伝子診断すると、将来、病気になるかどうかがほぼ確実にわかります。

ウェクスラー家が直面したのは、このハンチントン病でした。アリスさんの母親がこの病気にかかり、アリスさんと妹のナンシーさんは、「自分たちも将来、この病気にかかるかもしれない」という状況《じょうきょう》に置かれたのです。こういう難病の発症前診断をするかどうか。後で詳《くわ》しく述べますが、難しい選択です。発症前診断できる病気はほかにもあり、大人になってから発病する遺伝性の大腸《だいちょう》がんなどで行われています。

「出生前診断」も以前から倫理問題がクローズアップされてきました。母親のおなかの中にいる胎児《たいじ》の健康状態を調べ、生まれる前から子どもが病気になるかどうかを診断する方法です。多くは、羊水に含まれる胎児の細胞や、やがて胎盤《たいばん》になる細胞（絨毛《じゅうもう》といいます）を採取して診断します。胎児の染色体の診断は以前から行われていました。21番染色体が通常より1本多いダウン症候群などの診断です。その後、特定の遺伝性の病気について遺伝子で診断できるようになりました。筋肉が弱っていく難病、デュシェンヌ型筋ジストロフィー（DMD）などです。

自分は発病しなくても、生まれてくる子どもに病気の原因となる遺伝子を受《う》け渡《わた》すことがあります。こうした素因を持つ人を「保因者」といい、そういう遺伝的素因を調べる検査を「保因者診断」といいます。対象とするのは劣性《れっせい》の遺伝性疾患です。劣性とは、両親の両方から病気の原因となる遺伝子の特徴（遺伝子変異）を受け継いだ時に発病する遺伝形式で、ひとつだけ遺伝子変異を持っていても、通常は発病しません。性染色体のX染色体に病気の原因遺伝子がある場合は別で、男性はX染色体が1本しかないので、ひとつだけで発病します。DMDはこうしたX染色体上に原因遺伝子のある「X染色体連鎖《れんさ》」の劣性遺伝性疾患です。

出生前診断は胎児の診断ですが、胎児よりさらに前の段階で診断することも技術的に可能です。受精卵が少し育った胚《はい》の状態で診断する「着床《ちゃくしょう》前診断」です。「受精卵診断」と呼ばれることもあります。診断を望む人は1章でも触れた体外受精で受精卵を作り、これを検査します。具体的な診断の仕方は後の方で述べますが、診断した胚に病気の遺伝子の特徴が見つかったら、この胚が育って生まれてくる子どもは病気になることがわかります。病気にならない子どもを望んでいる場合は、診断で異常のなかった胚を子宮に戻《もど》して出産することになります。日本でもごく少数ですが実施されています。

単一遺伝子病と多因子病

遺伝子診断の倫理については後で述べることにして、ここで、遺伝子と病気の関係に対する考えが、少し前と今では、かなり変わってきたことをお話ししておきたいと思います。以前は、遺伝子に原因のある病気といえば、いわゆる「遺伝病」でした。親から子どもへと高い確率で遺伝するもの、言《い》い換《か》えると「たったひとつの遺伝子が発病を左右する疾患」です。

こうした遺伝性の病気を、最近では「単一遺伝子病」などと呼びます。これまで、遺伝子診断の対象となってきた病気は、ほとんどが単一遺伝子病でした。先ほど述べたハンチントン病などの神経難病の一部や先天性代謝異常と呼ばれる病気の多くがこの範疇《はんちゅう》に入ります。

一方、多くの病気はひとつの遺伝子で発病が決まるわけではありません。多数の遺伝子と環境《かんきょう》要因が組み合わさって発病します。ひとつひとつの遺伝子が及《およ》ぼす影響《えいきょう》はわずかですし、遺伝子の影響だけで発病するわけでもありません。高血圧や心臓病、脳卒中、糖尿病《とうにょうびょう》、通常のがんなど、いわゆる「生活習慣病」といわれる病気は、このように多数の要因が重なって発病する「多因子病」です。

多因子病へのかかりやすさを調べる遺伝子診断を「易罹患性《いりかんせい》診断」と呼びます。わかりにくい言葉ですが、「体質診断」と考えていいでしょう。ポストゲノムの研究では、体質の違いに結びつく遺伝子の個人差として「ＳＮＰ（スニップ single nucleotide polymorphism)」が注目されています。ヒトゲノムは99・9％まで人類共通ですが、残る0・1％は異なります。この違いが個性や体質の源です。遺伝子の個人差にはいくつかタイプがあり、そのうちの主要なものがＳＮＰです。遺伝暗号の一文字（つまり一塩基）が人によって異なる部分で、1000塩基に1塩基ぐらいの割合で存在します。このSNPを利用して個人の体質を見分ける研究が精力的に進められています。

しかし、どの遺伝子やSNP、環境の組み合わせが多因子病に結びつくかは、ほとんどわかっていません。ですから、がんや脳卒中などへのかかりやすさを遺伝子診断で判定できるのは、もっと将来の話と考えられます。

病気だけではありません。「肥満」も複数の遺伝子と環境の組み合わせでなります。肥満に関係する遺伝子はたくさんあると考えられていますし、肥満になりやすい遺伝子を持っていても、食生活や運動の仕方によっては肥満にならずにすごせます。

最近、「遺伝子解析で肥満のタイプがわかる」などという診断ビジネスをみかけることがあります。これは、多数の肥満関連遺伝子のうち、わかっている2、3個の遺伝子を調べているものです。ですから、これだけで「どういうタイプの肥満になる」とか「こういうダイエットでやせられる」などと確実に判定することはできません。ただ、肥満関連遺伝子の検査が生活習慣の見直しになればいいという考え方もあり、診断ビジネスへの対応は検討が必要です。

「オーダーメイド医療」はどこまで進んでいるのか

もうひとつ、病気へのかかりやすさとは別に注目されている遺伝子診断があります。薬に対する反応の個人差を調べる診断です。

これまでの医療では、同じ病名の人には同じ薬を処方するやり方が基本でした。処方する量も大人と子どもで違うくらいで、大人ならすべての人に同じ量が処方されてきました。ところが、同じ薬を同じだけ服用しても、ねらい通りの効果が現れる人と、あまり効果が得られない人がいます。それどころか重い副作用が現れる人もいます。米国では1994年に、薬剤の副作用が死因の第4位を占《し》めていたそうですから、侮《あなど》れません。

こうした薬の作用の違いの背景にも、遺伝子の個人差があることがわかってきました。重要なのは、薬を代謝するのに働く酵素《こうそ》の遺伝子の違いです。

体の中に入った薬は肝臓で分解され、別の物質になります。これが「代謝」です。ある薬は、肝臓で分解される前に効果を発揮します。肝臓《かんぞう》での代謝がゆっくりだと、薬がいつまでも分解できず副作用が生じます。一方、代謝が早すぎると、効き目を発揮する前に分解されてしまいます。また、別の薬は、肝臓で代謝された後に効果を発揮します。この場合は、代謝が遅《おそ》いと効果が発揮できませんし、代謝が早すぎると副作用が生じるはずです。代謝されて効果を発揮した物質を、さらに分解する酵素の働きが悪い場合も、副作用を生じると考えられます。

たとえば、「イリノテカン」という抗《こう》がん剤《ざい》があります。ある人にとってはよく効く薬ですが、別の人には重い副作用が出ます。この薬の代謝に関係のある酵素の遺伝子を調べると、「UGT1A1」と呼ばれる遺伝子の型の違いが副作用を左右していることがわかりました。これまで、イリノテカンで重い副作用が出るかどうかは、投与《とうよ》してみないとわかりませんでした。でも、酵素の遺伝子をあらかじめ調べることによって、タイプ分けができれば、副作用が出やすい人には別の薬を投与するとか、少量を投与するといった、体質に応じた使い分けができるようになります。

実際、米国のFDA（食品医薬品局）は、UGT1A1遺伝子の型の違いを調べる診断キットを2005年に認可《にんか》しています。イリノテカン以外にも、心筋梗塞《こうそく》や脳梗塞に使われる血栓《けっせん》防止薬ワーファリンなどで、酵素の遺伝子タイプの違いが薬の効き目や副作用を左右することがわかってきています。このように、個人個人の遺伝子タイプに応じて薬を使い分けるやり方を「ファーマコゲノミクス（薬理ゲノム学）」などと呼びます。

個人個人の生活習慣病へのかかりやすさや、薬に対する反応の違いがわかるようになると、違いに応じた予防や治療、投薬などができるようになると期待されています。「病名が同じなら予防も治療も薬も同じ」という、これまでの医療に対し、個人の遺伝子の差に応じた医療を、日本では「オーダーメイド医療」「テーラーメイド医療」などと呼びます（英語では「パーソナライズド・メディスン」、すなわち「個別化医療」などと呼びます）。

オーダーメイド医療全体の実現にはまだまだ時間がかかりそうですが、それに比べるとファーマコゲノミクスの実現は早いと思われます。第一の理由は、薬の作用の仕方と遺伝子の個人差が結びつけやすいと考えられるからです。倫理問題が生じにくいこともひとつの要素と考えられています。ただし、すべての患者に有効とは限りません。

一方、病気や体質の遺伝子診断は、診断が難しいものが多いことに加え、倫理問題も生じやすいと考えられます。

ここで改めて、さまざまな遺伝子診断の倫理問題について考えてみます。

保険における「遺伝子差別」とは?

遺伝子診断が直面する倫理的な問題の中でも、誰《だれ》もが気にするのは「診断が差別につながらないか」ということでしょう。これまでも遺伝性の病気が差別の対象となってきた歴史があるからです。病気に苦しむ本人だけでなく、「遺伝する」ということから、家族までが差別の対象になってきた例があります。

では、遺伝子診断が広がった場合に、新たな差別が生まれる恐《おそ》れはあるのでしょうか。ここでは、まず、保険と遺伝子診断について考えてみます。

「遺伝子差別」という言葉がいち早く使われるようになったのは、米国です。日本と違って、医療保険が主として民間によってカバーされていることが一因と思われます。医療保険は、将来、病気になる可能性に備えて、加入者全員が決まった額のお金を払《はら》い、病気になった時だけ、そこから治療費や入院費が支払われる制度です。病気にならなければ払った分は戻ってきませんが、高額な医療費がかかる病気になった場合は、自分が払った以上のお金が支給されます。

保険がなければ、医療費は全額、自分で負担することになります。病気にならなければ問題はありませんが、病気によっては、自分では払いきれない場合もあるでしょう。

日本は、国民全員が医療保険（健康保険）に加入する制度を国が作っていますから、病気を理由に保険に入れない、などということはありません。一方、米国では民間保険を買うシステムなので、かかっている病気を理由に加入を拒否《きょひ》される場合があります。

では、遺伝子診断で、将来、重い病気にかかることがわかるとしたらどうでしょうか。保険会社が前もって遺伝子診断で調べて、高額な医療費がかかりそうな人は加入させない、ということも考えられます。

たとえば「ハンチントン病」について考えてみます。この病気は優性遺伝性疾患で、両親の片方から病気の原因となる遺伝子を受け継いだだけで発病につながります。親が発病した場合、子どもが遺伝子を受け継ぐ確率は五分五分です。「発症前診断」のところでお話ししたように、遺伝子診断すると、将来この病気にかかるかどうかがほぼ確実にわかります。「加入にあたって遺伝子診断の結果を提出してほしい」と考える保険会社も出てくるでしょう。発病すると高額な医療費がかかるので、遺伝子診断の結果によっては加入を断わられるかもしれません。

ハンチントン病の遺伝子診断に限りません。「発症前診断」や、「易罹患性診断（体質診断）」は、みな、同じような問題を含んでいます。こういう場合、加入拒否は「遺伝子情報をもとにした差別」にあたらないでしょうか。

国によって判断はわかれます。米国では、遺伝子診断の結果を理由に保険加入を拒否をすることを禁じる法律を多くの州が制定しています。ただ、連邦《れんぽう》政府の法律は制定されていません。遺伝子差別を禁じる連邦法は何回も議会に提案されているのですが、なかなか成立しないのです。２００７年１月にも遺伝子差別禁止法が下院に提案され、ＮＩＨ（米国立衛生研究所）のヒトゲノム研究所のコリンズ所長が次のように述べています。

「遺伝性の大腸がん（ＨＮＰＣＣ）の家系の人たちが遺伝子診断について一番心配しているのは、医療保険を失うのではないかということです」。ＨＮＰＣＣだけでなく、遺伝性の乳がんの遺伝子診断についても、同じような不安を示す調査があります。だから、一刻も早く差別禁止法を制定すべきだと主張しているのです。

英国でも、ハンチントン病の遺伝子診断の結果を保険に使っていいかどうかが議論になりました。ただし、英国は基本的に税金で医療費をまかなう制度を持っているので、保険加入拒否が問題になるのは、もっぱら民間の生命保険です。生命保険は住宅購入の担保としても使われます。

英国政府は2000年10月、生命保険会社が加入者に対しハンチントン病の遺伝子診断を受けたかどうか、診断結果がどうだったかをたずねることを認めました。つまり、保険会社が遺伝子診断の結果を利用することは「遺伝子差別」にあたらない、という考えと解釈《かいしゃく》できます。ところが、政府のこの考えは大きな反発を招きました。結果的に、政府の決定は棚上《たなあ》げとなり、現在も事実上、認められていません。

日本ではどうでしょうか。健康保険は今のところ問題がありませんが、生命保険の要素を持つ郵便局の簡易保険（民営化前）については、遺伝子差別に相当する事例がありました。2002年に旭川《あさひかわ》医科大学の医師らが調査した結果、遺伝性の疾患を持つ子どもたちが、学資保険などへの加入を拒否されるケースがあったのです。

拒否されたのは「先天性甲状腺機能低下症《こうじょうせん》」と「フェニルケトン尿症」と呼ばれる先天的な病気です。遺伝子の故障で起きる病気で、ほうっておくと発達の遅れなどを起こします。でも、赤《あか》ん坊《ぼう》の時から特別に成分を調整したミルクを飲んだり、薬を飲むことによって、まったく普通《ふつう》の子どもと同じように生活を送ることができます。にもかかわらず、「遺伝的な素因を持っている」というだけで保険加入を拒否されたというのですから、問題です。批判を受け、旧郵政事業庁はこれらの病気でも一定の条件で加入できるように方針を変えています。

一般に、遺伝子の情報を使いたいという保険会社の言い分は、「逆選択」と呼ばれるものへの心配です。簡単にいうと、将来、病気になると知った上で、高額の保険金がもらえる保険にどんどん加入する人が出てくると、それを知らなかった保険会社が大きな損害を被《こうむ》る、というものです。でも、遺伝子に異常があるからといって、病気になるとは限りません。さらに考えてみると、遺伝子の故障で病気になるのは、本人の責任ではありません。自分の遺伝子の特徴は、自分では選べないのですから。それを、保険加入の条件にすることは、別の意味で不公平と考えることもできます。

遺伝子診断で個人の能力や適性が判定できるのか？

ここまでは、病気の遺伝子診断について述べてきましたが、もし、遺伝子で個人の能力や適性が判定できるとしたらどうでしょうか。入学試験や就職試験、会社での昇進《しょうしん》にも遺伝子診断を使う、という考え方が生まれてくるかもしれません。

もちろん、人間の能力は、たったひとつの遺伝子を調べたくらいではわかりません。多くの遺伝子と環境が、複雑にからみあって発揮されます。ですから、遺伝子を調べただけで試験の合格者を決めたり、昇進を決めたりすることは無謀《むぼう》な試みです。二重らせんのジェイムズ・ワトソンは、ヒトゲノムのＥＬＳＩ研究を提案した一方で、２００７年10月に「黒人は白人より知性が劣る」という趣旨の問題発言をし、80歳を目前に古巣の研究所を辞職するはめに陥りました。これも、人種や民族の遺伝的背景が知性を決めるという誤った考えです。

一方で、人間の能力が遺伝子とまったく無関係だともいいきれません。実際、人間の「知能」に関係のある遺伝子を探している科学者もいます。「運動選手の遺伝子」が話題になったこともあります。ある遺伝子のタイプが、筋肉を動かす効率や筋肉の増強に関係があるというのです。

繰《く》り返《かえ》しになりますが、これらの遺伝子の型だけで「スポーツ選手向きかどうか」はわかりません。でも、わずかでも関係するのだとしたら、スポーツ選手を選ぶ時に遺伝子を参考にしたほうがいいのでしょうか？　数学の能力に少しでも関係のある遺伝子があったら、数学者に向いているかどうか、遺伝子を調べてもいいのでしょうか。

能力を調べることとは別に、雇《やと》った人が病弱では困るから、将来の病気のリスクを知ってから雇いたい、という発想もあるでしょう。今は無理でも、将来、そうした診断ができるようになったらどうでしょうか。遺伝子の特徴を調べて、その人を雇うか雇わないかを決めるのは、普通の筆記試験で能力を測るのと同じでしょうか。それとも、差別でしょうか。

「職場の環境に適しているかどうか」に、遺伝子診断を用いるという発想もあります。たとえば、英国の国防省はパイロットの訓練者全員を対象に、「鎌状《かまじょう》赤血球貧血《ひんけつ》」の遺伝子検査をしていたことがあります。この病気の素因を持っていると、低酸素状態で体調が悪くなる恐れがあり、危険だという理由です。確実に危険性がわかるわけではなく、その後、取りやめられたようですが、もし、ある職業に適さない遺伝的素因があったら、それを調べる権利が雇い主にあるのでしょうか。

遺伝子は「取扱い注意」の個人情報である

保険や雇用という枠組《わくぐ》み以外でも、遺伝子差別は考えられます。たとえば、結婚《けっこん》する時に、相手の遺伝子情報を知りたいという人がでてくるかもしれません。

地中海の島国キプロスでは、結婚前のカップルがサラセミア（地中海貧血）という遺伝性疾患の保因者であるかどうかを調べる国家的なプロジェクトが行われたことがあります。保因者自身は健康ですが、保因者同士が結婚するとサラセミアの子どもが産まれる可能性があるためです。病気の子どもを減らそうとする試みですが、使い方を誤ると保因者への差別につながりかねません。

こうした問題を考えるときに避けて通れないのは、「個人の遺伝子情報を知る権利は誰が持っているのか」「遺伝子情報を守るにはどうしたらいいか」ということです。つまり、遺伝子情報のプライバシーと保護です。「私の遺伝子の情報」は、他の人とは違う、私に属している私だけの情報です。しかも、病気や体質などの情報が含まれているのですから「私の名前や生年月日、住所」と比べても、よりセンシティブな個人情報です。誰でも知ることができる情報とは思えません。

では、個人の遺伝子情報を知ることができるのは誰でしょうか。第一に、遺伝子情報の持ち主である自分自身には「知る権利」があります。患者が検査を依頼《いらい》した医師にも知る権利があるでしょう。その情報を元に、予防法や治療法を考えていくためです。

では、医師が無断で誰かの遺伝子を調べてもいいでしょうか。

実は、かつては「研究のため」という理由で、患者さんに無断で医師が遺伝子を解析していたことがあります。病気の原因となる遺伝子を突《つ》き止《と》めるためです。でも、こうした「無断解析」は、今では禁止されています。研究目的であっても、遺伝子を解析する時には必ず本人から文書で同意をとらなくてはいけないという国のルールができています。後で述べますが、20世紀の終わりに実施された生活習慣病と遺伝子の関係を調べる「ミレニアム・ゲノム・プロジェクト」がきっかけでした。

研究ではなく、診療のための遺伝子診断を実施する場合も、当然、患者さんの同意を得る必要があります。こちらは国のルールにはなっていませんが、研究に準ずることになっているので、同意を得ないで診断すれば問題になることは間違いありません。

また、患者さんの同意の下で遺伝子診断しても、どこか途中《とちゅう》で情報が漏《も》れるようなことがあっては困ります。たとえば、診断のために採取した血液を、検査会社に送って検査する場合、検査会社の人に誰の診断結果なのかがわかってしまっては問題です。ですから、誰の血液を調べているのかがわからないように、血液には患者さんの名前はつけず、暗号化された番号をつけておく必要があります。大学などの研究室で血液試料を使って遺伝子解析する場合も、誰の遺伝子を扱っているのかわからないように、試料には暗号化された番号がつけられています。

さきほど述べた、保険や雇用《こよう》の場での遺伝子診断も、「保険会社や雇い主に、個人の遺伝子情報を知る権利があるか」という問題と結びついています。この場合は、単に「同意を得ればいい」という問題ではなさそうです。検査に同意した人だけが保険に加入できたり、会社に入ることができたりしたら、やっぱりおかしな話でしょう。

では、血縁者《けつえんしゃ》はどうでしょうか。遺伝子診断で将来、重い病気にかかる遺伝子の変異が見つかった場合、その人の姉妹《しまい》や兄弟《きょうだい》、子どもなども同じリスクを抱《かか》えている可能性があります。予防法や治療法があるのなら、知らせてあげた方がいいでしょう。でも、「自分の遺伝子情報は兄弟姉妹にも教えたくない」という人がいるかもしれません。

この問題は、医師や科学者が集まって作っている学会で、遺伝子診断の指針を作る時に議論になりました。結果的に指針では、同意が得られない場合でも、「血縁者に知らせることが重大な疾患の予防や治療に役立つ」など、いくつかの条件を満たした上で、倫理委員会の判断で知らせることができることになりましたが、無条件で教えることはできません。

遺伝子情報を「知らないでいる権利」もある

自分自身の情報を「知る権利」について、異存のある人は少ないでしょう。でも、遺伝子情報の場合、これとは反対の、ちょっと変わった権利も主張されています。「知らないでいる権利」です。

この権利が話題に上るようになったのは、前に述べたハンチントン病の遺伝子診断が可能になり始めたころのことです。アリスさんの妹で、この病気の遺伝子を突き止めるのに重要な役割を果たした臨床心理学者、ナンシー・ウェクスラーさんの発言がきっかけでした。

ナンシーさんが学生のころ、母親がハンチントン病を発病しました。この事実は、ナンシーさんもアリスさんも、五分五分の確率で病気の遺伝子を受け継いでいることを意味します。当時は原因遺伝子はわかりませんでしたが、遺伝子を突き止めれば診断できるようになります。今はまったく健康なのに、遺伝子診断で「あなたは20年後にとても重い病気にかかって死亡します」と予言されたらどうでしょうか？

その運命を「知りたい」と思う人もいるでしょうし、逆に「知りなくない」と思う人もいるでしょう。「知らないでいる権利」は、「知りたくない人が、知らないですむ権利」です。ナンシーさんは研究者として遺伝子探しを進めつつ、ハンチントン病の母親を持つ娘《むすめ》として、自分には「遺伝子検査を受けず、運命を知らないでいる権利がある」と主張したのです。

確かに人間には「知る権利」と同時に「知らないでいる権利」もあるはずです。もし、遺伝子検査が保険の加入や、入社の条件にされたとしたら、本当は知りたくないのに検査を受けざるをえない人がでてくるでしょう。それは、「知らないでいる権利」の侵害《しんがい》につながるのではないでしょうか。

ハンチントン病のように、「診断はできるけど、予防法も治療法もない」という病気は他にもあります。そうした病気を診断すること自体がいいのか悪いのか、という根元的な問題もあります。「診断して病気でないことがわかれば安心できる」「心構えをしておきたい」ということもあるでしょう。でも、診断の結果がショックで、自殺しようとする人がいることを考えると、そう簡単な話ではありません。

ハンチントン病の場合、患者や家族でつくる国際組織が研究者といっしょに発症前診断の倫理指針を作り、診断は強制されないこと、十分なカウンセリングが必要なことなどが明記されています。

子どもの発症前診断を親の希望でしてもいいか、という問題もあります。予防法や治療法があればいいいですが、診断結果がわかってもその時点ではなにもできない、という場合もあります。それでも親が「知っておきたい」という理由で診断してもいいでしょうか。それとも、その時点で子どもに医学的なメリットがなければ、大きくなって自分で判断できるようになるまで待つべきでしょうか。

これも難しい問題ですが、前に述べた学会の指針は、予防法や治療法が確立していない発症前診断を子どもに実施することは認めていません。

診断結果が産むか産まないかを左右することの是非《ぜひ》

誰も自分のことは覚えていないはずですが、現在、日本では生まれたての赤ん坊は、足の裏から血液をちょっとだけ採取されています。6種類の先天的な病気について分析するためで、「新生児マススクリーニング」と呼ばれます。遺伝子差別のところでお話しした「先天性甲状腺機能低下症」や「フェニルケトン尿症」も、この検査で調べています。検査の目的は、発病に結びつく素因を持っているかどうかをいち早く知ることによって、予防や治療をほどこし、症状が出ないようにすることです。

でも、これが治療法のない重い病気だったらどうでしょうか。しかも、生まれた後なく、生まれる前に調べることができるとしたら？

前にも述べたように、筋肉が弱っていく難病「デュシェンヌ型筋ジストロフィー（DMD）」は、胎児の出生前診断が可能です。もし、胎児が将来、この病気にかかることがわかったら、どうするでしょうか。もちろん、心構えをして、生まれてくる子どものために一番いい暮らし方を準備しておくことができます。でも、人によっては、「重い病気で苦しむことがわかっているなら、産みたくない」と思う人もいます。その結果、人工妊娠《にんしん》中絶を選ぶ人もいるでしょう。

DMDの胎児診断は、誰もが行うものではありません。この病気の子どもがいたり、母親にこの病気の兄弟がいるような場合に、同じ病気の子どもが生まれる可能性があるため、診断するかどうかを考えることになります。

胎児を診断し、場合によって妊娠中絶することについては、いろいろな考え方があります。重い病気の子どもでも同じ命なのだから中絶するのはおかしいという考えもありますし、病気の胎児を中絶することが、結果的に病気の人や障害のある人の差別につながると心配する声もあります。重い病気や障害を持つ人たちを社会で支えようとする力が弱まると心配する人もいます。

一方で、すでに重い病気の子どもを育てていて、また次に生まれる子どもも苦しい思いをするのは見ていられないという人もいるでしょう。病気の子どものためにも、健康な兄弟や姉妹がほしいという考えもあります。

遺伝子診断で受精卵を選ぶ

ここまでは胎児の診断の話でしたが、もっと早く、受精卵の段階で診断するのが「着床前診断」です。受精卵の診断というと、母親のおなかの中から受精卵を取り出すと誤解する人がいますが、そうではありません。診断をするには、まず、体外受精で受精卵を作ります。その受精卵が8細胞ぐらいまで分裂《ぶんれつ》したところで、1細胞を取り出して遺伝子診断します。診断に使った細胞も、残りの7細胞も、元はといえば同じ受精卵が分裂してできたものですから、中に入っている遺伝子は同じです。診断した1細胞に異常があれば、残りの7細胞にも異常があることになります。ですから、1細胞を診断して、異常がないとわかったら、残りの7細胞を子宮に入れて育て、出産するのです。

この方法は1990年代に英国で初めて実施されました。これまでに対象となった疾患は、主として重い遺伝性の病気です。

着床前診断にも胎児診断と同様に、賛否両論があります。賛成する人たちの主な主張は、次のようなものです。「着床前診断をしなければ、胎児診断をして、場合によっては妊娠中絶することになる。女性にとっては心身に負担が大きい。着床前診断なら中絶しないですむ」。一方、反対の人の主な主張は次のようなものです。「着床前診断は、受精卵の段階から命を選別するものだ。胎児診断より心理的負担が少ない分、難病の人や障害者への差別を助長する恐れがある」。

重い障害を持つ子どもを産むか産まないかは、重い選択です。産まないことを選んだ人を、簡単に「差別だ」と批判することはできません。

一方で、どんなに胎児診断や着床前診断が進んでも、障害のある子どもが一定の割合で生まれてくることは忘れてはなりません。ですから、障害のある子どもを社会が受け入れ、支えていくことは、胎児や受精卵の診断を容認しようとしまいと、ぜったいに必要なことです。高齢化《こうれいか》社会が進み、お年寄りの多くが何らかの障害を抱えることを思うと、なおさらです。

日本では1998年に日本産科婦人科学会が「重篤《じゅうとく》な遺伝性の疾患」に限って、着床前診断を認めました。学会は「議論を尽《つ》くした」と述べましたが、国民的議論はまだ尽くされていないという意見もあります。学会は診断の対象となる具体的な疾患名をあげることは避けています。その病気を診断で選別してもいいということを暗に示すことにつながるからでしょう。

診断は自由にできるわけではなく、まず、実施しようとする病院の倫理委員会で承認を得たあと、産科婦人科学会に申請《しんせい》して承認を得なくてはなりません。ダブルチェックの体制です。この手続きを経て、2004年7月に最初の承認を受けたのは慶応《けいおう》大学です。対象はデュシェンヌ型筋ジストロフィーでした。2006年9月までに、夫婦《ふうふ》2組がこの診断を経て妊娠、出産しています。その後、名古屋市立大学も着床前診断の承認を得ています。

「骨髄《こつずい》移植のため」「男女産み分け」……広がる着床前診断の目的

着床前診断の対象は、その後、重い病気以外にも広がりました。聞いてびっくりしたのは「病気の子どもを救うために、次の子どもの遺伝子型をあらかじめ選んで産む」という次のようなケースです。

重い血液疾患の子どもがいて、骨髄移植が必要なのに、骨髄の提供者がいない場合があります。骨髄移植には、白血球の型である「HLA型」を合わせる必要があり、親子でも一致しないからです。むしろ、兄弟姉妹で一致する可能性があるのですが、病気の子どもには一致する近親者がいなかったとします。両親は、「病気の子どもに骨髄を提供してくれる子どもを産もう」と決心します。HLA型が一致《いっち》する子どもが偶然《ぐうぜん》生まれてくるのを待っていては、骨髄移植が間に合わないかもしれませんから、最初からHLA型が一致する子どもを選んで産むのです。

それには、複数の受精卵を体外受精で作って、HLA型の合う受精卵を着床前診断で選んで妊娠・出産すればいいということになります。海外では、実際にこの方法で病気の子どもの弟や妹を産んだ人たちがいます。病気の子どもはそれで救われたはずですが、では、そのために生まれてきた弟や妹は、どんな気持ちがするのでしょうか。もちろん、赤ちゃんの時には何もわかりませんが、大きくなって「骨髄移植の提供者として生まれてきた」と知った時にどう思うかと考えると、人間の存在意義がかかわるだけに、なんだか気になります。

日本では、「男女産み分け」や「習慣性流産」への着床前診断が論議を呼びました。神戸《こうべ》の産婦人科医がこれらの着床前診断を実施したことが、2004〜05年にかけて明らかになったことがきっかけです。この医師は、学内や学会の倫理審査《しんさ》委員会の審査を経ずに実施したので、それだけでもルール違反《いはん》でした。さらに「男女産み分け」は、学会が着床前診断の対象として認めた「重い遺伝性疾患の回避《かいひ》」からはずれています。

習慣性流産は、妊娠しても流産を繰り返す症状で、そうしたカップルの一部に「転座」と呼ばれる染色体の異常があることが知られています。着床前診断で転座の影響を見分け、流産しにくい胚を子宮に戻すのですが、これも、重い遺伝性疾患の回避とは異なります。

この医師は、着床前診断を受けるのは患者の権利だと主張し、学会と対立しました。学会は、その後、一部の習慣性流産について着床前診断の対象とすることを認めました。ただ、ルール違反を認めたわけではなく、男女産み分けなどに使うことは認めていません。それでも、着床前診断の対象は徐々《じょじょ》に広がりつつあります。今後、「男女産み分け」や軽い病気を対象とした診断を望む人にどう対応していくか、社会全体で考える必要があります。

遺伝子診断の結果は、考え方によっては不確実な情報である

ここまで述べてきた発症前診断や胎児診断、着床前診断が対象としているのは、「単一遺伝子病」がほとんどです。では、「易罹患性診断」(体質診断)が実用化されると、どのような社会的影響が生じるでしょうか。

体質は多くの遺伝子によって決められているうえ、ひとつひとつの遺伝子が発病に与える影響の強さも違います。特定のがんに関係のある遺伝子がすべてわかったとしても、「あなたは今から何年後にかならずがんになる」などと予測することはできません。で

きるとすれば、「がんのリスクを高める遺伝子を持っていない人に比べて、1・5倍ぐらいがんにかかりやすい」といった、あいまいな言い方になるはずです。しかも、これに環境要因が関係してきますから、「運動をよくする人は1・2倍、しない人は1・7倍」などという言い方になるかもしれません。

こうした、不確実な診断結果を、どのように受け止めればいいのか。かなり難しい問題です。1・5倍を「とても確率が高い」と感じる人もいるでしょうし、「たいしたことない」と思う人もいるでしょう。確率の話なのに、自分の健康をとても悲観してしまうのも問題です。逆に、軽く見過ぎてしまえば、せっかくの診断が役に立たないということにもなりかねません。

実は、単一遺伝子病の遺伝子診断でも診断結果は100%確実なわけではありません。遺伝子の情報が持つ不確実性は、体質診断に限らず忘れてはいけません。もうひとつ注意しなくてはならないのは、遺伝子診断が進むことによって、「新しい優生学」が頭をもたげる可能性です。優生学はもとはといえば人間の遺伝的性質の改良をめざす学問で、国家的な人種差別や障害者差別に結びつきました。今は、国家的な優生政策は許されませんが、ヒトゲノム解析はどんどん安くできるようになり、一人一人が自分の全ゲノム情報を解析するのがあたりまえ、などという時代がくるかもしれません。その時に「知らないでいる権利」がどうなるか、気にかかるところです。

遺伝子情報は人類の財産か、ビジネスの材料か

それにしても、こうした遺伝子診断に使われる遺伝子は、いったい、だれのものなのでしょうか。

私たちは誰でも、細胞のなかに遺伝子を持っています。それらの遺伝子は、基本的には「人類共通」です。ユネスコの「ヒトゲノムと人権に関する世界宣言」も「ヒトゲノムは象徴的な意味で、人類の遺産である」とうたっています。ただ、ゲノムの中に個人によってほんの少しだけ異なる部分があって、それがひとりひとりの「個性」につながっています。遺伝子診断は、その個性の部分を調べているわけです。

遺伝子診断を実用化するためには、たくさんの人から血液をもらって、遺伝子解析をする必要があります。時には、患者団体が血液集めに協力することもあります。そうし

た血液を使って医師や研究者が病気の原因となる遺伝子を突き止め、遺伝子診断法を開発したとします。ヒトゲノムが人類の遺産だとすると、遺伝子診断で特許を取ってビジネスをすることに問題はないのでしょうか。

診断の元になる遺伝子の情報は、多くの患者さんの協力で集めたものですが、患者さんは血液を提供する時にお金をもらっているわけではありません。研究のために血液などを提供する時は「無償《むしょう》」というのが、世界的な常識となっています。それなのに、遺伝子診断を開発した医師や研究者が特許をとると、患者や家族が診断を受けるのに高額の費用がかかる場合があります。なんだか腑《ふ》に落ちません。実際、米国では、「それはおかしい」といって裁判を起こした患者団体もあります。

そもそも、「遺伝子で特許をとってもいいか」という基本的問題もあります。「人類の財産」であるなら、誰かが特許を取るのはおかしな話です。でも、遺伝子の情報を使って医薬品や診断方法を開発した場合には、遺伝子の働きを新たに発見し、それが役に立つのだから特許を取るのはおかしくないし、研究の促進《そくしん》にも必要だという考えもあります。

実際には、遺伝子の特許は取得することができます。ただし、単に塩基配列（遺伝暗号の配列）がわかっただけではだめで、遺伝子の働きがわからなければ特許は取れません。今でも、遺伝子特許に反対の人たちはいますが、世の中の流れは遺伝子特許を取る方向で進んでいます。研究者の権利を守り、遺伝子研究を活性化するには特許は大事ですが、研究に自分の遺伝子を提供した人の権利や、人類全体の財産という考え方とどうバランスをとるかは、考え方の分かれるところです。

遺伝子解析のための厳重なルール

毎月、委員会が近づいてくると胃が痛くなる。そんな経験をしたのは都内の大学で遺伝子解析の倫理審査委員会の委員を務めていた時のことです。これまで、すでに働きのわかった遺伝子を使って行う診断の話をしてきましたが、その前のステップとして、病気と関係のある遺伝子を探す「遺伝子解析研究」が必要です。遺伝子解析研究は、通常、患者さんから血液をもらって実施します。遺伝性疾患の原因遺伝子探しでは、病気が多発する家系の人に協力を求めなくてはなりません。糖尿病や高血圧といった生活習慣病の遺伝子探しには、多数の患者さんの協力が必要です。当然、研究に参加する「被験《ひけん》者《しゃ》」の権利を守るための倫理的配慮《はいりよ》が欠かせません。そのための倫理審査にとても気を遣ったのです。

実は、こうした遺伝子解析研究の倫理について、日本はあまり熱心ではありませんでしたが、1999年に取り組みが加速しました。この年、当時の小渕恵三《おぶちけいぞう》首相が「ミレニアム・プロジェクト」というビッグ・プロジェクトを提案し、その中に「疾患のゲノム解析」が含まれていたためです。多数の患者さんの遺伝子解析を行うには、きちんとした倫理的ルールを確保しておく必要があり、当時の厚生省、文部省、科学技術庁、通産省が共同で倫理指針を作りました。4省庁は、2001年の省庁再編成で厚生労働省、文部科学省、経済産業省となったので、俗に「3省共通指針」などと呼ばれます。

指針が「必ず必要だ」と求めているのは、被験者の「同意」です。遺伝子解析研究に参加してもらう被験者には、研究の内容をよく説明した上で、自発的な同意を文書で確認しなくてはなりません。研究に参加するかどうか、よく説明を受けた上で同意することを「インフォームド・コンセント」といいます。遺伝子解析研究に限らず、人間を対象とする研究では欠かせない手続きです（研究だけでなく、臨床の現場でも治療法などを決める時に、患者さんからインフォームド・コンセントを得ることが必要です）。被験者になる人は、遺伝子解析にいったん同意したとしても、気が変わったらやめられることも保障されています。

また、研究段階であっても、遺伝子解析の結果は個人情報として保護される必要があります。患者さんから提供してもらった血液は、暗号を使って匿名化《とくめいか》された上で遺伝子解析されます。匿名化にも、患者さんと解析結果を結びつけることが二度とできない方法と、必要となったら患者さんと解析結果を結びつけることができる方法があり、研究の必要性と個人情報保護のバランスをみて決める必要があります。

研究者が単に「やりたい」と思ったからといって、遺伝子解析研究をしていいわけではありません。その研究が本当に必要か、研究のやり方は妥当《だとう》か、といったことを十分に見極《みきわ》めてからでなくては、遺伝子解析研究はできません。研究チームは、こうした研究の適正性や科学的妥当性を盛り込んだ「研究計画書」を書く必要があります。

そして、研究計画書や同意を得るための説明文書は、施設内の倫理審査委員会で審査して、妥当かどうかを調べなくてはなりません。説明文書が、患者さんたちによくわかるようにできているか、患者さんの権利が守られているか、といったことを審査します。研究計画の科学的妥当性や倫理性もチェックします。その結果、研究計画の変更を求められたり、研究自体が認められないこともあります。

研究計画が承認された場合、研究チームはその内容を社会にオープンにしておかなくてはなりません。研究の透明性《とうめいせい》を高め、一般《いっぱん》社会からのチェックにも堪《た》えられるようにするためです。

研究の過程でも配慮すべきことがいろいろあります。遺伝子解析研究は、すぐに病気の診断と結びつくわけではありませんが、被験者が患者さんであったり、偶然に遺伝子病が発見される恐れもあることから、必要な場合には被験者がカウンセリングを受けられるようにしておかなくてはなりません。

このように、遺伝子解析はいくつものルールを守って行わなくてはなりません。3省指針ができた結果、無断解析はなくなったはずですが、指針の精神が本当に守られているかどうかのチェックは、ほとんどなされていないのが実情です。被験者の権利を守る砦《とりで》である「倫理審査委員会」が、本当に機能しているかどうかについての疑問もあります。きちんとした審査ができる人材が少ないことも問題です。

遺伝子解析の技術は進み、今では全国の研究室で多数の遺伝子解析が行われています。さらに大がかりな解析プロジェクトとして、2003年には文部科学省が5カ年計画で「オーダーメイド医療実現化プロジェクト」を始めました。その中で30万症例の血液やDNA試料を集める「バイオバンク・ジャパン」の整備が進められています。英国では50万人を対象とする「UKバイオバンク」のプロジェクトが始まりました。当然のことながらどちらにも倫理問題を検討する委員会が設けられていますが、今後も新たな倫理的課題に対応していく必要があります。

遺伝子治療は、人間の遺伝子組み換え技術である

ここまでは、元々私たちの細胞の中にある遺伝子を分析したり、その情報を使ったりすることについての話でした。今度は、人間の遺伝子を操作する技術について考えてみます。

日常的に見聞きする遺伝子組み換え作物は、野菜や穀物《こくもつ》などの細胞に、外から遺伝子を加えて育てたものです。加える遺伝子は、その野菜や穀物がもともと持っている遺伝子ではありません。除草剤や害虫に強い遺伝子を微生物《びせいぶつ》から取り出して使ったりします。その結果、もともとその植物が持っていなかった性質を持つようになります。

同じように、人間の細胞にも外から遺伝子を加えることができます。遺伝子を外から加えることによって、病気を治そうとするのが「遺伝子治療」の試みです。最初に遺伝子治療のアイデアが出てきた時、対象は「単一遺伝子病」でした。単一遺伝子病は、たったひとつの遺伝子の異常で病気が引き起こされます。だったら、その遺伝子を、正常な遺伝子と入《い》れ替《か》えてやればいい、という発想です。

このアイデアは「人間の遺伝子を操作してもいいのか」という議論を巻き起こしました。ヒトゲノムのところで述べたように、人間の遺伝子は人間の設計図のようなものと考えられてきました。そこに手を加えることは、倫理的に許されないという考え方があるからです。「神の摂理《せつり》に反する」と考える人もいるでしょう。

議論の末に、国際医学団体協議会で合意されたのは「体細胞の遺伝子を治療のために操作するのはＯＫ」「受精卵の遺伝子を変化させるのはダメ」というルールでした。これはほぼ、国際的な合意と見なされています。体細胞は一代限りの細胞ですから、子孫に受け継がれることはありません。一方、受精卵の遺伝子を操作すると、その影響は子孫にまで及びます。組み換え作物の性質が変わってしまうように、人間という生物の性質が変わってしまうかもしれません。ですから、これを禁止しているのです。ただ、体細胞の操作なら、何をしてもいいというわけではありません。どういう病気なら対象になるか、どういう遺伝子なら付け加えてもいいかなど、倫理的・科学的な審査が必要です。

きちんと手続きを踏《ふ》んだ世界初の遺伝子治療は、１９９０年に米国で行われました。アデノシンデアミナーゼ（ＡＤＡ）という酵素の遺伝子に異常があるために、重症の免《めん》疫《えき》不全に陥《おちい》っている女の子が対象でした（「手続きを踏んだ」と、わざわざ断るのは、これより前に手続きを踏まずにフライングをした米国のグループがあるからです。そのグループは、国内外の批判を受け、研究費も止められました）。

ＡＤＡ欠損症は、単一遺伝子病のひとつですから、故障しているＡＤＡ遺伝子を正常なADA遺伝子と交換《こうかん》することができれば理想的です。でも、それは技術的に難しいので、故障しているADA遺伝子はそのままにして、正常な遺伝子を付け加える方法がとられました。この治療は、それなりにうまくいった、と評価されています。治療を受けた女の子は、今も元気に暮らしているようです。同じ病気の遺伝子治療は日本でも実施されました。

その後、遺伝子治療の対象は、がんやエイズなど、一般的な病気にも広がりました。パーキンソン病の遺伝子治療も試みられています。ただ、いろいろ実施された遺伝子治療の試みには、大手を振《ふ》って「大成功した」といえるものが、まだありません。

一方で、遺伝子治療が原因で白血病になったと考えられるフランスのケースが、2002年と2005年に報告されています。遺伝子治療の技術は、まだ発展途上にあるというのが実情ですが、技術が進むと、治療とは別の使い道が生じる可能性があります。

遺伝子「格差」社会の到来《とうらい》とは？

米国の分子生物学者、リー・シルヴァー博士は1997年に書いた本『複製されるヒト』の中で、「ジーンリッチ」という考えを提唱しました。300年後、人類が「ナチュラル」と呼ばれる階級と、「ジーンリッチ」と呼ばれる階級に分かれた世界を描いたのです。ここでいうナチュラルは、遺伝子に手を加えていない人々、ジーンリッチは望ましい遺伝子を人工的に獲得《かくとく》した遺伝子改良人間です。

経済力や権力を持っているのはジーンリッチ、低賃金で単純労働をするのはナチュラル、などと言われると、このところ問題になっている「格差社会」は、まだかわいらしいものだという気がしてきます。

もちろん、これはシルヴァー博士が頭の中で考えた未来社会の話です。現在、世界的に認められている人間の遺伝子操作は、「治療目的」のものだけですから、現時点でジーンリッチを生み出すことはできません。でも、遺伝子操作で運動能力を高められるとしたら、どうでしょうか？　それどころか、知能を高められるとしたらどうでしょう。

運動能力については、実際に「遺伝子ドーピング」という考え方があります。筋肉を増強させる働きのある遺伝子を細胞に組み込み、これをスポーツ選手に注射すると、筋力が増加し、運動能力が高まるだろうというのです。すでに、マウスを使った動物実験では筋肉増加が観察されているそうです。これは体細胞に遺伝子を入れる方法ですが、受精卵の段階で筋肉増強遺伝子を入れることが可能になったら、運動に関する「ジーンリッチ」階級が生まれないとは限りません。

知能の方は、関係する遺伝子がわかっていませんし、非常に多くの遺伝子が関係しているはずですから、そう簡単に遺伝子操作することはできないでしょう。運動能力も知能も環境の影響が大きいので、遺伝子操作でねらった通りの効果が上がるとも思えません。でも目の色を変えたり、皮膚《ひふ》の色を変えたりする試みはでてくるかもしれません。受精卵の診断で望ましい能力や外見の子どもを選ぶという発想もありえます。

このように病気の治療とは別に、能力を高めたり、外見を変えたりする方法を「エンハンスメント（増強）」と呼びます。遺伝子によるエンハンスメントはどこまで許されるのか。治療とエンハンスメントの境目をどこに引くのか、という問題もあります。

たとえば遺伝子操作で薄《うす》くなった髪《かみ》の毛を増やすことはどうでしょうか？ これは、「薄毛治療」でしょうか。平均よりも背が低くて悩《なや》んでいる人が、背を伸《の》ばすことはどうでしょうか。「低身長の治療」といえるでしょうか。人工的に人間の能力を高めるエンハンスメントの問題は、遺伝子操作だけではありません。脳科学の分野でも、最近、注目を集めるようになっています。

もうひとつ、遺伝子の科学と脳科学との接点で気になることに、「責任」の問題があります。暴力をふるったり、犯罪を犯《おか》したりするのは、本人の責任なのか、遺伝子の責任なのか、または脳の特徴のせいなのか、といった微妙《びみょう》なテーマですが、この話は次の章で考えてみることにします。

脳の活動を読みとって、その通りにロボットを動かす。まるで「サイコキネシス（念力）」を思わせるような技術が登場しました。

こんな言い方をすると、ちょっと怪《あや》しいマッドサイエンスの話かと思うかもしれませんが、そうではありません。

２００６年５月に日本の研究グループが発表した研究成果は、最先端《さいせんたん》の脳科学の知識を基に「ロボットを脳で操作する」という内容でした。技術を開発したのは「国際電気通信基礎《きそ》技術研究所（ＡＴＲ）」と「ホンダ・リサーチ・インスティチュート・ジャパン」の共同研究グループです。ＡＴＲは電気通信分野に力を入れる研究施設《しせつ》で、脳研究やロボット研究も精力的に進めています。

説明用のＣＤを見せてもらうと、こんな感じです。

まず、ファンクショナルＭＲＩ（ｆＭＲＩ、機能ＭＲＩ）と呼ばれる装置の中に人が

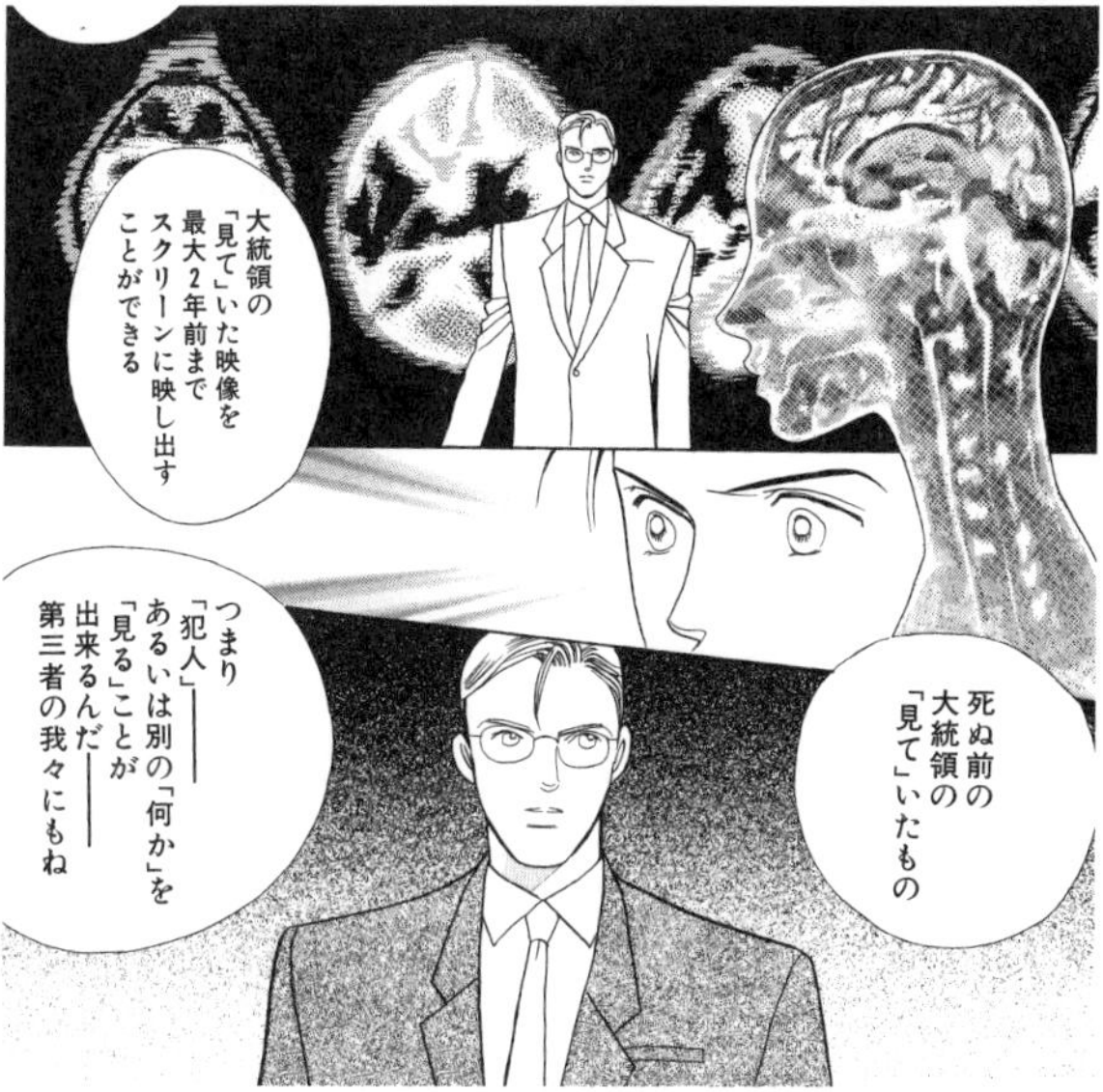
大統領の「見て」いた映像を
最大2年前まで
スクリーンに映し出す
ことができる
死ぬ前の
大統領の
「見て」いたもの
つまり
「犯人」――
あるいは別の「何か」を
「見る」ことが
出来るんだ――
第三者の我々にもね

©清水玲子／白泉社

時は近未来のアメリカ。大統領が何者かに刺されて死亡する。警察は大統領自身が生前に見た風景を、最新の脳科学技術を使って再現することを決める。大統領の目を通してみた自分の娘、その恋人。映像を通し、本人以外は知らないはずの秘密が暴かれていく……。

清《し》水《みず》玲《れい》子《こ》さんの**『秘密―トップ・シークレット―』**は、脳科学を題材に未来社会を描いた作品です。現実には、死者の記憶を読みとることは不可能ですが、画像解読が進む先端脳科学の「おもしろ怖さ」を考えるヒントを与えてくれます。

入ります。ＭＲＩは磁場を利用して体の中を調べる装置で、病院での検査にも使われますから体験したことがあるかもしれません。ｆＭＲＩも基本的には同じ装置で、体の中の血流が時間を追ってどう変化するかを見ることができるのが特徴《とくちょう》です。

ｆＭＲＩに入った人は、じゃんけんの「グー、チョキ、パー」のいずれかを出します。すると、ｆＭＲＩが脳の血流の変化を画像として読みとります。さらにこれと連結されている「じゃんけんロボット」が、その人が出した通りにグーやチョキを出してみせるのです。

人がじゃんけんをした時から実際にロボットの手が動くまでには、ちょっと時間がかかります。それにしても、グーを出すのか、チョキを出すのかは、ＭＲＩの中に入った人が心の中で決めていることです。思った通りにロボットを動かせるのですから、まるで念力と思いたくなるわけです。

もちろん、脳科学がどんなに進んでも、本当のサイコキネシスが可能になるわけではありません。ただ、思いもよらないことができるようになる可能性はあります。

いったい、最新の脳科学はどのような未来をもたらすのか、私たちはそれにどう対応していけばいいのか。この章では、脳科学とそれが社会にもたらす影響《えいきょう》と倫理《りんり》、「ニューロエシックス（脳神経倫理）」と呼ばれる新分野について考えてみます。

「読心術」は脳科学の一分野である

脳で動かす「じゃんけんロボット」は、なぜ可能になったのか。背景には、「心を読む」という技術があります。

これも怪しい話だと思われるかもしれませんが、科学の世界には、すでに「マインドリーディング（読心術）」という言葉が登場しています。ATRが2005年に発表したプレスリリースのタイトルは、「脳画像から心を読む」でした。いったい、どうやって心を読んだのでしょう。

人間の大脳には、ものを見るときに働く「視覚野」という部分があります。視覚野では、縦《たて》の線や斜《なな》めの線、水平の線など、目にした線分の傾《かたむ》きに応じて活動する細胞《さいぼう》の集まり（細胞群）があります。つまり、水平から45度傾いた線分を見たときには特定の場所の細胞群が働き、25度の傾きだったら別の細胞群が働く、といった具合です。こうした傾きに反応する脳細胞は、いろいろなモノの形を認識《にんしき》するのに役立っていると考えられます。

ある線分の傾きを見たときに決まった細胞群が活動するのなら、逆に、どの細胞群が活動しているかを調べれば、どんな傾きを見ているかがわかることになります。

研究グループは、脳の細胞群の活動と、見ている線分の傾きを結びつける方法を開発しました。そして、被験者《ひけんしゃ》に2つの異なる傾きの縞模様《しまもよう》を見せて、どちらかに注意を向けてもらう実験を行いました。すると、脳の画像から、この被験者がどちらの縞模様に注意を向けているかを高い確率で言い当てることができたのです。

どちらの縞模様に注意を向けているかは、普通《ふつう》なら本人にしかわかりません。それが、脳の画像を見ただけでわかるとしたら、たしかに「読心術」に通じます。もちろん、今はまだ、読み取れる「心」はほんのわずかです。まだ、心を読むと言える段階ではないという見方もあるでしょう。でも、研究が進むともっとたくさんのことがわかるようになるかもしれません。

じゃんけんロボットも、脳の画像とじゃんけんの動作を結びつけることによって、実現できたのです。

脳と機械をつなぐ技術はどこまで進んでいるか

実は、脳の働きに応じて機械を動かす試みは、これ以前から世界で試みられています。脳（ブレイン）と、機械（マシン）をつなげるので、「ブレイン・マシン・インターフェース（ＢＭＩ）」と呼ばれる方法です。

ＢＭＩを一躍《いちやく》有名にしたのは、米国ブラウン大学の研究に基《もと》づいて、ベンチャー企業《きぎょう》のサイバーカイネティックス社が実施している「ブレインゲート」と呼ばれる臨床《りんしょう》研究でした（臨床研究というのは、人間を対象にした実験的な研究のことです）。どんな実験かというと、脳と機械を直接つないでしまう、かなりショッキングなやり方です。

最初に実験に参加したのは、脊髄《せきずい》の一部である頸髄《けいずい》の損傷《そんしょう》で首から下が麻痺《まひ》してしまったネイグルさんです。脊髄は脳の出す指令を体の各部分に伝える時に信号が通る重要な器官で、ここを損傷すると体を動かしたくても、動いてくれなくなります。でも、脳は「体を動かす」という指令を出すことができます。指令を出すときの脳の活動は電気信号として神経を伝わります。

そこで、サイバーカイネティックス社は患者《かんじゃ》さんの脳に電極を埋《う》め込《こ》んでコンピュータとつなぎ、脳が指令を出すときの電気信号に応じてコンピュータのカーソルを動かすことを試みたのです。その結果、脳の中で念じることによってコンピュータのカーソルを動かすことができ、手足が動かなくてもメールを読むことができたというのです。

開発がさらに進めば、念じるだけでものを動かしたり、車を運転したりすることさえできるようになるかもしれません。なかなかすごい成果ですが、ブレインゲートの映像を見ると、ちょっとうなってしまいます。ネイグルさんの頭からは、埋め込んだ装置が突《つ》き出《で》ているからです。まさに、サイボーグといったイメージです。

こんなふうに、体に電極を埋め込んだりしなくても、脳の働きに応じて機械を動かせるなら、それにこしたことはありません。ATRとホンダが開発したじゃんけんロボットは、そうしたソフトな「BMI」と考えることができます（こうした技術には「ブレイン・コンピュータ・インターフェース、ブレイン・ネットワーク・インターフェースなどの呼び名もありますが、ここではBMIと総称《そうしょう》することにします）。

じゃんけんロボットの成果には感心しましたが、これがBMIとして実用化できるまでには、ハードルがいくつもあります。たとえば、脳の画像から読みとれる意図を、じゃんけんだけでなく、もっと増やす必要があります。また、今は脳の画像を得るためにはfMRIという大きな装置に入ってじっとしていなくてはなりませんが、これでは自由に機械を操《あやつ》ることはできません。装置を小型化して、体に装着できるようなものにしなくてはならないでしょう。

そうしたハードルをクリアできれば、体が不自由な人でもコンピュータを自由に操ったりすることができるようになるかもしれません。障害のある人々にとっては期待をかけたくなる技術でしょう。障害のない人でも、BMIを使ってもっと便利な生活を送りたい、という人がいるかもしれません。頭で念じたとおりにコンピュータやケータイを操ることができれば、確かに便利でしょう。

でも、このように人間の心を読み取って機械を動かす技術の進歩は、良いことずくめなのでしょうか。

脳画像の読み取りとプライバシーの問題

155ページで紹介した清水玲子さんの『秘密』は、大統領が死亡した後で脳が生前に見た映像を再生する、という設定でした。これを読んで、思わずドキドキしたのは、それが、本人しか知らない大統領のプライバシーを暴《あば》く行為《こうい》だったからでしょう。

もちろん、こんなことは現在の技術では不可能ですし、将来もできそうにありません。でも、これまで紹介《しょうかい》してきたような脳の活動の仕方を示す画像から、その人の考えを読みとる技術はさらに進むでしょう。fMRIだけではありません。脳の活動を測定する方法はいろいろあります。そうした技術がどんどん進むと、本人が知らないうちに心の中を読みとられてしまう、なんていうことが起きないでしょうか。

たとえば、好きなものを見ている時と、嫌《きら》いなものを見ている時では、脳の活動が異なるとします。本人は「好き」と言っているのに、こっそり脳の活動を見ると、本当は「嫌い」ということがわかってしまうとしたら、困ってしまいます。心の中に秘密を抱《かか》えているのは、ある意味で人間の特権のはずです。

もちろん、脳の活動と「好き」「嫌い」などの関係はあらかじめ対応づけておく必要があります。脳画像を見ただけで何でもわかるということは、この先もないでしょう。脳の画像が示す気持ちが、「本当の」気持ちかどうかわからない、ということだってありそうです。ただ、対応づけの研究は進むはずです。

こうしてみると脳の活動や、それを測定した脳の画像は、「個人のプライバシー」だと考えることができます。3章でお話ししたように、遺伝子の情報は個人情報として保護されています。その情報にアクセスできる人は限られていますし、本人の同意がなくては遺伝子情報を調べることはできません。それと同じように、脳の情報も個人情報として保護する必要がでてくるのではないでしょうか。

今でも、脳の画像は、心を読みとる目的ではないにせよ、病院や研究室で大量に撮像《さつぞう》されています。その扱《あつか》い方《かた》については、遺伝子情報の扱いのようなルールはありません。脳研究が進むと、こうした「脳のプライバシー」の問題も、考えなくてはならない倫理問題としてクローズアップされる時がくるかもしれません。

神経経済学、神経マーケティング、……応用分野は無限に？

スーパーやコンビニに行くと、ひとつの品目について同じような商品が所狭《せま》しと並んでいます。チョコレートひとつとっても、さまざまな種類があります。その中から、ある人が特定のチョコを選ぶ理由はなんなのか。それがうまく分析《ぶんせき》できれば、たくさん売れるチョコが開発できるはずです。

チョコレート会社は、さまざまな調査で人々の「好み」を探《さぐ》りながら、商品を開発して売ろうとします。こうした調査をマーケティングと呼びますが、最近の脳科学はこの分野にも進出しようとしています。

「ニューロマーケティング（神経マーケティング）」と呼ばれる分野です。

この分野の研究としてよく引き合いに出されるのは、ペプシコーラとコカコーラの飲み比べ実験です。

米国のベイラー医科大学のグループは、この二つの飲み物はほとんど成分が違《ちが》わないのに、人によって好みが違うことに注目しました。そして、ブランド名を教えずに二つのコーラを被験者に飲んでもらった場合と、ブランド名を教えてから飲んでもらった場合で、好みや脳の活動が異なるかどうかを調べました。

するとと、ブランド名を知らずに飲んだ場合と、ブランド名を教えられてから飲んだ場合では、好みが変わっただけでなく、脳の活動部位まで変化していました。

この実験はいったい、何を意味しているのでしょうか。

ひとつには、「飲み物の好み」と一言でいっても、味だけではなく、ブランドにも左右されていることでしょう。さらに、ブランドの情報によって脳の特定の部位が働き、それが飲み物の好みの決定にかかわっている可能性があると考えられることです。

こうした研究を発展させると、脳の活動を指標にして、最も売れる商品を開発したり、宣伝戦略を立てたり、といった試みが出てくるかもしれません。

また、経済学に脳科学を取り入れる「ニューロエコノミクス」という分野も注目されています（ニューロマーケティングもこの中の一分野と考えることができます）。

たとえば、株価がさまざまに変動する中で、特定の株を買おうと決める意思決定は、脳のどのような働きに基づいているのか。今日1000円もらうのと、1年後に150

0円もらうのと、どちらかを選ぶ時に脳のどのような活動がかかわっているのか。そんなことを探る研究領域です。

米プリンストン大のグループは、すぐに得られる報酬《ほうしゅう》に関係のある選択《せんたく》をする場合と、遠い将来の報酬にかかわる選択をする場合では、脳の働く部分が違うという研究を発表しています。こうした意思決定は、常に合理的になされているわけではなく、よく考えると損だとわかる方を選ぶ場合があります。人々がなぜそんな不合理な意思決定をするのか。脳科学で解明できるかもしれないというのです。

こうした研究は応用分野がはっきりしているわけではありませんが、市場の予測や企業の投資戦略、なぜクレジット・カードを使いすぎて破産する人がいるかといった分析に使われるかもしれません。

ただ、ニューロエコノミクスにしても、ニューロマーケティングにしても、人が心の中で行っている選択を、脳の神経活動という目に見えるものに置《お》き換《か》える点で、やはりプライバシーの問題を生じるかもしれません。

偶然《ぐうぜん》の発見にどう対応するか

ここまで述べてきた心を読む研究では、実験に参加してくれる「被験者」が必要です。病院の診察《しんさつ》ではありませんから、対象となるのは健康な人たちです。でも、脳になんらかの病気や、病気の前兆があるのに、気づいていない人もたくさんいるはずです。研究に「被験者」として参加したために、そうした病気や前兆が偶然見つかる場合があります。こうした「偶然の発見」をどのように扱うかも、脳研究の現場では問題になります。

こうした「偶然の発見」は、脳研究だけでなく、遺伝子解析研究でも問題になります。遺伝子解析の指針では一定のルールを決めていますし、脳研究でも前もってルールを決めておく必要があるでしょう。

それでは、脳画像を介さずに脳とマシンを直結させるＢＭＩはどうでしょうか。

機械が脳を変える？

「いずれ、ケータイと脳を直結させたいという人がでてくるかもしれない」。そんな予言めいたことを言った人がいます。確かに、指を使わずに、考えただけでケータイを操作できれば便利でしょう。それどころか、脳にチップを埋め込んで、直接データを送受信するというアイデアもありそうです。

でも、こうした技術は、脳のプライバシーとは別に、思いがけない課題を抱えているかもしれません。ひとつには、脳と機械をつなぐことによって、脳の力で機械を動かすだけでなく、脳の方が変化していく可能性があるからです。

私がそれを意識したのは、義手の研究の話からでした。東京大学の横井《よこい》浩史《ひろし》研究室では、手を失った人が思った通りに動かせる義手の開発に取り組んでいます。義手を動かすには、義手をつけた人が手を動かそうとする時の筋肉の電気信号を利用します。義手でモノをつかんだ時には、「つかんだ」感覚が脳に伝わるように腕への刺激を介して電気信号を脳に返します。この義手を使ってトレーニングしていると、脳の働き方が変わってくるというのです。

この変化は、「適応」によるものだと考えられます。義手をうまく使えるように、それまで使っていなかった脳の部分が活性化されたり、慣れてくるとあまり脳を働かせなくてもよくなったりという変化です。考えてみれば、普通に手を使っていても同様の適応は起きているので、当たり前のことかもしれません。しかも、義手は脳と直結させているわけではありません。

でも、義手のような身体の一部ではなく、人間がもともと体に備えていないケータイのようなものと脳を直結させたら、脳はどのように変化していくのでしょうか。

脳が変化するだけでなく、脳と機械をつなぐことによって、人間はどんどん「サイボーグ化」していくかもしれません。人間なのか、機械なのか、その境目がだんだんわからなくなっていくことだってありそうです。人間には本来そなわっていない力を、次々と身につけることができるようになったら、それは人間性にとってどんな意味を持つのか。こうした問題も、脳科学の倫理における重要なテーマです。

サイボーグを思わせるロボットスーツ「HAL《ハル》」

一瞬《いっしゅん》、会議室にサイボーグが登場したような錯覚《さっかく》にとらわれたのは、文部科学省の記者説明会にでかけたときのことでした。正体は、「HAL」と名づけられたロボットスーツを全身にまとった男性でした。筑波《つくば》大学の山海嘉之《さんかいよしゆき》教授のグループが開発した装置で、ロボットのがっちりした関節を動かす様子はまるでSFから抜《ぬ》け出《だ》してきたようです。

HALを装着した男性は、水をたっぷり入れたポリタンクを片手で軽々と持ち上げてみせました。これとは別に首相官邸《かんてい》で実施したデモンストレーションでは、楽々と女性を抱えてスクワットして見せたそうです。

普通なら持ち上げられない重いものを持ち上げたり、背負ったりすることができる。HALは本来人間が持っている力を増強し、それ以上の力を出せる装置です。

では、HALはどうやって人間の力を増強しているのか。人間が筋肉を動かそうとすると、脳から筋肉に電気的な信号が流れ、これによって体が動きます。この生体電気信号は皮膚《ひふ》の表面にも伝わるので、ＨＡＬはこれをキャッチしてロボットスーツの関節にある駆動《くどう》装置を動かします。ですから、ＨＡＬを装着した人間が手足を動かそうとすると、思ったとおりに動いてくれるのです。

これとは別に、ロボットのように動く機能もあるので、事故や病気で体が麻痺して、筋肉を動かすときの電気信号が測定できない人でも、あらかじめ動作をプログラムしておくことによって、立ったりすわったりできる可能性があります。

茨城県内のイベントに登場したロボットスーツHAL。装着した男性は、30キロの米袋を抱えても涼しい顔（2005年８月26日撮影、写真提供：共同通信社）

文部科学省の説明会に登場したのは、この時の科学技術白書のテーマが「少子高齢化《こうれいか》社会における科学技術の役割」だったからです。ＨＡＬは足腰《あしこし》が弱るなど運動能力が衰《おとろ》えた高齢者を支援《しえん》したり、介護者が高齢者を抱《だ》きかかえる時などに役立つ可能性があるとみられています。山海教授は大学での研究の成果を元に「サイバーダイン社」という大学発ベンチャーを２００４年６月に設立し、さらなる開発に取り組んでいます。

ＨＡＬの技術は、高齢者や障害者自身を補助するだけではありません。普通の人が装着すると、普通以上の力が出せるわけですから、使《つか》い途《みち》はいろいろありそうです。２００６年の夏には、ＨＡＬを装着した理学療法士《りょうほうし》の人が車椅子《くるまいす》生活の友人を背負ってスイスアルプスに登る試みもなされました。さらに、重いものを動かす災害救助などにも利用できるかもしれません。

ＨＡＬの技術は、もしかすると、ＨＡＬを装着した人同士で勝負するゲームにも使えるかもしれません。人間の体では不可能なくらい早いスピードで走る、なんていうこともできるようになるかもしれません。

いってみれば、「力の増強」を実現できる技術です。このように、機械や薬物などを使って、元々もっている以上の能力を発揮させる方法は、前の章で述べたように「エンハンスメント」（増強）と呼ばれることがあります。

HALは脳が発する信号を利用した機械による身体的なエンハンスメントということになるでしょう。エンハンスメントは身体的なものだけでなく、知能や性格などにかかわるものも考えられます。

より強い体や、より高い能力をめざすのは人間の常ですが、オリンピックでドーピングが問題になるのは、人間の「本来の能力」ではないので、それで勝負するのは「ずるい」と見なされるからです。一方、筋肉が弱る病気の患者さんが薬で筋肉を増強しても、誰も「ずるい」とは言わないでしょう。線引きはどこにあるのでしょうか。他の例で考えてみます。

近い将来「記憶力増強薬」が開発されたら?

一度聞いたことは何でも覚えていて当たり前。中学生ぐらいまでそう思っていました。それなのに今や、何度聞いても覚えられない情けない状態です。

年齢とともに記憶力が衰えていくのは避《さ》けられませんが、通常の加齢を超《こ》えて記憶力が低下してしまう場合もあります。典型的なのは認知症《にんちしょう》でしょう。認知症というのは、主に高齢者に起きる障害で、ひどい物忘れや、判断能力の低下、感情の障害などが続き、日常生活に支障をきたします。原因には、脳の血管の障害によるものや、脳神経が障害を受けるアルツハイマー病などがあります。

認知症の症状を改善しようと、さまざまな薬の開発が試みられています。たとえばアリセプト（一般名《いっぱんめい》は塩酸ドネペジル）という薬があります。日本では、軽度から中等度のアルツハイマー病の患者さんの認知症の症状の進行を抑《おさ》える薬として厚生労働省が認可しています。誰にでも効《き》くわけではありませんが、人によっては記憶力の低下などが抑えられます。

では、記憶力に問題がない人が、このような薬を飲んだとしたらどうでしょうか。

米スタンフォード大学のチームは、健康な人でもドネペジルを飲むと記憶力が高まるという実験結果を２００２年に論文発表しています。30歳から70歳のパイロットを実験対象に、フライトシミュレーターの訓練を受けてもらう実験で、ドネペジルを飲んだグループの方が、偽薬《ぎやく》を飲んだグループより、訓練をよく覚えていたというのです。

ドネペジルを飲んだパイロットは病気ではありませんから、薬を飲むのは治療とはいえません。記憶力の増強ということになります。つまり、エンハンスメントの範疇《はんちゅう》に入ります。

この実験だけでは、ドネペジルが「記憶力増強剤《ぞうきょうざい》」であるとまではいえませんが、もし、そんな薬ができたら飲んでみたい、という人はたくさんいるでしょう。すっかり記憶力が低下している私だって、できることなら飲んでみたい誘惑《ゆうわく》にかられます。

それでは、こうした「記憶力増強薬」が開発されたとして、試験の前に一夜漬《いちやづ》けするときに飲んでもいいでしょうか。

これはなかなか、難しい問題です。例えばクラスの中に、記憶力増強薬を飲んでいる人と飲んでいない人がいるとします。すると、同じだけ勉強しても、薬を飲んだ人の方が成績が上がる可能性が高くなります。もしかすると、この薬はとても高価かもしれません。そうすると、裕福《ゆうふく》な人だけが薬を飲むことができることになります。

お金持ちほど成績がよくなるとしたら、とても不公平ではないでしょうか。それだけではありません。試験の成績は、やっぱり努力に応じて決まるのが公平だという考え方もあるでしょう。

一方で、こうした考えには反論があるかもしれません。人間の記憶力にはどっちみち個人差があって、それは持って生まれた能力や、育った環境が影響しているでしょう。持って生まれた能力も育った環境も公平ではないのだから、その不公平を薬で解消したっていいじゃないか、という反論です。

これは、なぜ、オリンピックや競馬でのドーピングが許されないのか、という問題にもつながります。人間でも動物でも、何かの能力を競《きそ》うときには、「もって生まれた能力」プラス「努力」で競うべきだ、ということでしょうか。

エンハンスメントの問題は、考え始めると簡単ではありません。米国ではエンハンスメントを主題に大統領生命倫理評議会が議論を重ね、2003年に『治療を超えて』という報告書をまとめているほどです。この中では、病気の治療を超えてバイオテクノロジーを使うことの例として、望ましい子どもを産む男女産み分けなどの技術、高齢者の筋肉の増強などと並んで、記憶の強化についても考察しています。

この委員会のメンバーだった認知神経学者のマイケル・ガザニガは、『脳のなかの倫理』という著書の中で、将来、記憶力など、普通の人の認知能力を向上させる薬が必ず開発されるだろうと予測しています。そうなったときにどう対処していくのか。前もって考えておかないと、あわてることになりそうです。

「ハッピードラッグ」のメリットとデメリット

なんだか憂《ゆう》うつで、何をする気にもなれない。多かれ少なかれ、だれでもそんな気分になったことがあるはずです。

普通は、ちょっとしたことで気分が変わったり、時間が経つと治ってしまいますが、いつまでたっても収まらない場合があります。抑《よく》うつが治らず、普段の生活にも支障を来《きた》すとしたら、うつ病かもしれません。

うつ病は「心の風邪《かぜ》」などと呼ばれるくらいポピュラーな病気で、治療効果のある薬がいろいろあります。最近、よく使われるのは「選択的セロトニン再取り込み阻害《そがい》薬（SSRI）」と呼ばれる一群の抗《こう》うつ剤《ざい》です。

SSRIの第一号として1988年に米国で発売された「プロザック」は、一時期、大きな脚光《きゃっこう》を浴びました。病気の人だけではなく、健康な人がこの薬を飲む、という現象が生まれたからです。普通の人がこの薬を飲むと、気分が明るく、前向きになって、性格まで変わるなどといわれ、「ハッピードラッグ」と呼ばれたこともあります。

もちろん、SSRIは医薬品ですから、時には副作用が出ます。「自殺願望」が生じる場合があるという報告もあります。健康な人が服用するのは問題でしょう。では、副作用がほとんどなく、気分や性格が自在に変えられる薬があったらどうでしょうか。

記憶力などと違って、気分や性格そのものは試験の対象ではありません。これを変えたところで、公正さが損なわれることはない、と考える人もいるはずです。

でも、病気でもないのに、薬を飲んで、気分を明るくしたり、性格を前向きにすることに抵抗《ていこう》を感じる人もいるはずです。もし、その気分や性格を維持《いじ》しようと思ったら、一生涯《いっしょうがい》、薬を飲み続けなくてはならないかもしれません。

人間は、その時々の気分や性格を含めて、ひとつの人格でしょう。それを、薬で変化させてしまった場合、元の人格はどこにいってしまうのでしょうか。

このように考えると、気分を変えるエンハンスメントも、「別にいいじゃない」と簡単に言うことはできません。

犯罪の責任は本人にある？　脳にある？

傷害事件や殺人事件を起こした人が責任を問われるのは当たり前です。でも、裁判では「責任能力がなかった」という判断が下される場合があります。精神の障害などの理由で、自分の行動について善悪を判断する能力がなかったら罪には問われない、という考え方です。

それでは、善悪の判断はついていても、生まれつき「暴力的」で、自分の意志ではコントロールできない人がいたとしたらどうでしょうか。この人が傷害事件を起こした時に、罪に問えるでしょうか。

生まれつき暴力的な人間なんていない、というのがひとつの答えです。一方で、気にかかる研究もあります。オランダの研究チームは1993年、放火、強姦《ごうかん》など暴力的な問題行動を起こす男性が多い特定の家系の分析を行い、MAOAという酵素《こうそ》の遺伝子の変異が背景にあると指摘《してき》する研究を公表しました。もちろん、こうした遺伝子変異のある人が必ず暴力をふるうという意味ではありません。この研究以降、MAOAと攻撃性《こうげきせい》の直接的な関係を裏づけるデータもほとんど公表されていません。

でも、例えば攻撃性を高める遺伝子の特徴が見つかって、その持ち主が「犯罪を起こしたのは自分の責任ではない。遺伝子のせいだ」と主張したらどうでしょう。遺伝子だけではありません。もし、脳の特徴によって、攻撃的な人とそうでない人がいたらどうでしょうか。「攻撃的な脳」の持ち主が、傷害事件を起こしたのは「脳のせいだ」ということができるでしょうか。

今のところ「攻撃的な脳」が存在する証拠《しょうこ》はありません。それに、「脳にある特徴があったら、必ず攻撃的になる」などということは考えられません。暴力遺伝子も同じです。遺伝子の特徴だけで攻撃的だの暴力的だのとレッテルを貼《は》られてはたまりません。

ただ、関連の研究は進んでいます。例えば、米国NIH（国立衛生研究所）のダニエル・ワインバーガーのグループは、遺伝子と脳の構造の両方を調べ、遺伝子のタイプと脳の構造が攻撃性や暴力とどのように関係しているかを調べています。南カリフォルニア大のグループは、反社会的行動を起こす人格障害の人の脳の特徴を研究し、普通の人と比べると、脳の特定の部分に構造の違いがあるというデータを発表しています。

こうした研究には反論もあるようですが、さらに研究が進んで、「犯罪を起こしたのは当人の責任ではなく、脳の構造に問題があったからだ」と主張する人が出てきたらどうするか。それはおそらく、次に示す「人間に自由意志は本当にあるのか」という問題ともつながっているような気がします。

「自分の意志」と「脳活動」はどちらが先か？

私たちの行動は、自分の自由な意志にもとづくもの。普段はそのことを疑うことはありありません。この本を書いているのも、ご飯を食べるのも、自分で「そうしよう」と思っているからです。

もちろん、人に言われて嫌々《いやいや》していることもたくさんあります。あー会社に行きたくない、と思いながら出かけるのはめずらしいことではありません。でも、その場合でも、「自分で行くと決めた」のであって、「私の自由意志」であることを疑っていません。

でも、本当にそうなのでしょうか。

もし、「攻撃的な脳」などというものが本当にあって、本人の「意志」にかかわらず暴力をふるってしまう、なんていうことがあったとすると、「自由意志」があるのかどうか、考えてしまいます。

ただ、これは、遺伝子の特徴が人間を決定づけていると考える「遺伝的決定論」と同じように、脳の特徴が人間を決定していると考える「脳決定論」とでもいうべきものでしょう。遺伝子の特徴だけで人間が決まらないように、「脳の特徴だけで人間の行動は決まらない」と私自身は考えています。

これとは別に、自由意志に疑いをさしはさむ例としてよく引き合いに出される研究があります。米カリフォルニア大学サンフランシスコ校の名誉《めいよ》教授であるベンジャミン・リベットの興味深い実験です。

たとえば、誰かが手を動かす時に、脳活動の様子を測定します。すると、「今まさに手を動かそう」と自分が決めたと意識する瞬間よりも前に、それに備える活動が脳の中で起きている、というのです。この実験結果を「自分が意思決定するより前に、脳が活動を始める」と解釈《かいしゃく》すると、「自由意志などない」となりかねません。実際、そのように考える人たちもいます。

ボクの自由意志で
動かしているの
だろうか ？
New

でも、リベット自身は自由意志を否定しているわけではありません。この問題は、「意識とはなにか」「潜在意識《せんざい》とはなにか」といったこととも深く関《かか》わります。さらには、「心とはなにか」という哲学的《てつがくてき》な課題とも関わっています。

顕著《けんちょ》な業績を挙げた科学者らに贈《おく》られる京都賞を2004年に受賞したフランクフルト大学名誉《めいよ》教授の哲学者、ユルゲン・ハーバーマスも、日本でのシンポジウムで、リベットの実験を引き合いに出し、「自由と決定論　自由意志は幻想《げんそう》か?」というテーマで考察しています。

実をいえば、自由意志の問題に限らず、脳科学を突《つ》き詰《つ》めると、哲学的な課題に突き当たります。これは当然といえば当然でしょう。「意識」とはなにか、「こころ」とは何か、というのは昔からの哲学のテーマであり、今や脳科学のテーマでもあるからです。

脳科学の進歩が、哲学的課題を増やしてしまうという可能性も、大いにあるのではないでしょうか。

脳と意識の関係

コンピュータの中に脳を作る。2005年6月に、そんな発表をしたグループがあります。スイスにあるローザンヌ工科大学とIBMのグループで、「ブルー・ブレイン・プロジェクト」という名前が付けられていました。

このプロジェクトが気になったのにはわけがあります。脳科学が最終的に行き着く難問に関係があるように思えたからです。「意識とは何か」「心とはなにか」「機械は意識や心を持つか」という問題です。

ブルー・ブレインは、どうやらまだまだ初歩的な段階にあるようですが、もし、コンピュータの中に本物の脳と同じ働きの「脳」を作ることができるとしたら、その「脳」は意識を持つのでしょうか？　これが、ロボットの脳だったらどうでしょうか。もし、ロボットが意識を持つようになったら、ロボットにも人権が生まれるのでしょうか。

脳と意識の問題は、人によってさまざまな考え方があり、それだけで一冊（もしくはそれ以上）の本が書ける題材です。

学派もいろいろあります。「意識は脳の働きで解明できる」派、「コンピュータも意識を持つ」派、「意識の鍵《かぎ》は量子力学が握《にぎ》る」派、「脳を調べても意識はわからない」派、などさまざまです。

こうした学派のうち、どれが正しいかはまだわかりません。でも、意識の本質が解明されるとしたら、非常に大きなインパクトがあるに違いありません。

たとえば、「コンピュータも意識を持つ派」が正しくて、機械も意識を持つのだとしたら、ロボットにも人権を認めようという声がでてくるでしょう。ロボットを壊《こわ》すことは、殺人に等しいということになるかもしれません。実際、海外の研究会などでは「ロボットの尊厳」が、すでに話題に上っています。

一方、「意識は脳の働きで解明できる派」の考えが正しいということになった場合も、難しい問題が生じるでしょう。これほど科学技術が発展した社会にあっても、私たちは「意識」や「心」を特別扱いしています。心が脳の働きとは別に存在すると考える「心身二元論」は馬鹿《ばか》げていると思っている人でも、「身体」から独立した「意識」や「心」の存在を全否定されると、なんだか奇妙《きみょう》な気分になるのではないでしょうか。

逆に、「脳を調べても意識はわからない派」が完全に正しいとしても、影響は大きいはずです。なぜなら、この考えを突き詰めれば「脳と心は別モノ」ということになり、身体を離《はな》れた心の存在を追求しなくてはならなくなるからです。

意識の問題は、倫理よりも哲学や宗教の問題だと考える人もいるでしょう。でも、倫理の問題は、哲学や宗教と無縁ではありません。

いずれにしても脳科学の倫理を考える「ニューロエシックス」は、誕生したばかりの分野です。ここで述べたのはほんの一例ですし、将来予測の中には「技術的に不可能」ということがはっきりするものもあるでしょう。一方で、脳科学の研究が進むにつれて、今は思いつかないような課題がでてくるかもしれません。「おもしろさ」と「怖さ」のどこでバランスをとればいいか。科学者以外の人も自分の問題として考えていかざるをえない時代が、すぐそこまでやってきているようです。

おわりに

この本を書き始めた時、仮のタイトルは「はじめての生命倫理《りんり》」でした。生命科学の分野を取材していると、必ず、この「生命倫理」という言葉にぶつかります。「生命倫理」と聞くと、「辛気《しんき》くさい」とか「科学の進歩を邪魔《じゃま》をするもの」と思う人もいるでしょう。「科学者の老後の楽しみ」なんて、陰口《かげぐち》を聞いたことさえあります。

でも、考えてみてください。何も考えずに、どんどん科学や技術を進めてしまったら、後から問題が起きて、その科学や技術にストップがかかるかもしれません。恩恵《おんけい》を受ける人の陰《かげ》で、泣く人がでてくるかもしれません。科学や技術には、「光」の部分だけでなく、「影《かげ》」の部分があることも忘れてはなりません。

それに、生命倫理を考えることによって、「得すること」もあるはずです。最近の生命科学の世界でいったいどんなことが起きているのか。その全体像が生命倫理の窓を通して見えてくることです。

この本では、ここ10年ほどの生命科学に焦点《しょうてん》をあてましたが、全体像を描《えが》ききることはできませんでしたし、歯切れの悪いところもあります。「言い過ぎじゃないか」「いや、これでは意識が低すぎるのではないか」などと迷《まよ》うこともしばしばでした。仮想の話もずいぶん書きましたので、「こんなことは現実には起きない」と思う人もいるでしょう。また「その考えには賛成できない」という意見もあるはずです。でも、生命倫理の考えは「これが絶対」というものではありません。考える過程が大事なのだと思います。私自身も、また、考えが変わるかもしれません。

本書を出版するに当たり、次の方々に原稿《げんこう》の全体、もしくは一章分について読んでいただき、専門の立場からコメントいただきました。社会学者の武藤《むとう》香織《かおり》さん、認知心理学者の下條信輔《しもじょうしんすけ》さん、科学政策論研究者の橳島次郎《ぬでしまじろう》さん、人類（遺伝）学者の石田貴文《たかふみ》さん、科学技術社会論研究者の佐倉統《さくらおさむ》さん、神経科学者の神谷之康《かみたにゆきやす》さんに、この場を借りてお礼を申し上げます。もちろん、残されている誤りは、すべて筆者の責任です。最後に、なかなか進まない原稿を辛抱強く待ってくれた、ちくまプリマー新書編集部の伊藤笑子さんにお礼を申し上げたいと思います。

２００７年10月　台風一過の日に

青野《あおの》由利《ゆり》

本文イラスト　藤井龍二

chikuma primer shinsho

ちくまプリマー新書073

生命科学《せいめいかがく》の冒険《ぼうけん》　生殖《せいしょく》・クローン・遺伝子《いでんし》・脳《のう》

二〇〇七年十二月十日　初版第一刷発行

著者　青野由利（あおの・ゆり）

装幀　クラフト・エヴィング商會

発行者　菊池明郎

発行所　株式会社筑摩書房
東京都台東区蔵前二-五-三　〒一一一-八七五五
振替〇〇一六〇-八-四一二三

印刷・製本　中央精版印刷株式会社

ISBN 978-4-480-68774-6 C0245 Printed in Japan

乱丁・落丁本の場合は、左記宛に御送付下さい。
送料小社負担でお取り替えいたします。
ご注文・お問い合わせも左記へお願いします。
〒三三一-八五〇七　さいたま市北区櫛引町二-六〇四
筑摩書房サービスセンター
電話〇四八-六五一-〇〇五三